Любовь Подладчикова

# Возможные механизмы функционирования колонок в зрительной коре мозга

Любовь Подладчикова

# Возможные механизмы функционирования колонок в зрительной коре мозга

LAP LAMBERT Academic Publishing

## Impressum / **Выходные данные**

Bibliografische Information der Deutschen Nationalbibliothek: Die Deutsche Nationalbibliothek verzeichnet diese Publikation in der Deutschen Nationalbibliografie; detaillierte bibliografische Daten sind im Internet über http://dnb.d-nb.de abrufbar.

Библиографическая информация, изданная Немецкой Национальной Библиотекой. Немецкая Национальная Библиотека включает данную публикацию в Немецкий Книжный Каталог; с подробными библиографическими данными можно ознакомиться в Интернете по адресу http://dnb.d-nb.de.

Coverbild / Изображение на обложке предоставлено: www.ingimage.com

Verlag / Издатель:
LAP LAMBERT Academic Publishing
ist ein Imprint der / является торговой маркой
OmniScriptum GmbH & Co. KG
Heinrich-Böcking-Str. 6-8, 66121 Saarbrücken, Deutschland / Германия
Email / электронная почта: info@lap-publishing.com

Herstellung: siehe letzte Seite /
Напечатано: см. последнюю страницу
**ISBN: 978-3-659-51048-9**

# ОГЛАВЛЕНИЕ

## ВВЕДЕНИЕ

*Памяти моего Учителя*
*профессора Александра Борисовича Когана,*
*основателя первого в мире*
*института нейрокибернетики посвящается.*

До настоящего времени представление о колонках как элементах структурно-функциональной организации коры головного мозга привлекает пристальное внимание исследователей в области нейронаук и специалистов в области информационных технологий (С. Кожухов и др. 2012; Blue Brain Project, 2005; X. Chen et al, 2003; M. Freeman, 2003; D. George, J. Hawkins, 2009; M. Helmstaedter et al, 2007; D. Katzel et al, 2010; J. Linden, C. Schreiner, 2003; N. Macarico da Costa et al, 2010; H. Markram, 2008; Z. Nadasdy, 2010; R. Perin et al, 2011; G. Rinkus, 2010 и мн. др.). Яркая мотивация такого интереса приведена в работе Сандры Блейксли и Джеффа Хокинса (2007, с. 30): *"Впервые наткнувшись на публикацию Маунткастла, я был поражен. Да это же ключ к разгадке нейробиологии – одна работа, единая теория давала ключ ко всем самым невероятным загадкам человеческого мозга!".*

Одним из первых в полном объеме представление о функциональных колонках сформулировал Рафаэль Лоренте де Но (R. Lorente de No, 1938) на основании обобщения результатов морфологических исследований синаптических связей нейронов коры головного мозга. Оно состоит в том, что основные элементы гистологической архитектуры коры мозга упорядочены в виде вертикальных модулей, которые охватывают все слои и включают интернейроны, а также параллельные входы и пути повторных входов. Постулируется, что: (а) вертикально ориентированная колонка клеток различных морфологических типов является единицей организации коры головного мозга; (б) осевую структуру колонки образуют крупные пирамиды и специфические афферентные волокна; (в) в колонке теоретически возможны процессы последовательной передачи импульсов с афферентного волокна на эфферентное; (г) вертикальные связи между нейронами внутри колонки более выражены, чем горизонтальные. Колонки придают коре головного мозга правильное плоскостное строение, а их формирование обусловлено генетическими факторами и последовательными процессами онтогенеза, начиная с первичной миграции клеток из нервной трубки по радиально ориентированной глиальной ткани (P. Rakic, 1975). По-видимому, общность происхождения клеток колонки из одного клона предопределяет их функциональную общность (R. Meller, W. Fitzlaf, 1975).

В дальнейшем, Джон Сентаготаи на основе обобщения результатов собственных (J. Szentagothai, 1978) и известных (D.Scholl, 1956) детальных морфологических исследований постулировал многие функциональные аспекты колончатой организации нейронов, в том числе, - гипотезу о структурных колонках как элементах организации коры головного мозга диаметром 200-300 мкм и о роли тормозных интернейронов в их относительной функциональной обособленности.

Первое экспериментальное подтверждение функциональной общности нейронов одной вертикальной колонки получено в работе Вернона Маункастла (V. Mountcastle, 1957, 1997) в соматосенсорной коре по признаку сходства реакций и рецептивного поля. За этой пионерской работой последовал этап бурного роста количества исследований функциональных колонок в течение длительного времени. С помощью различных методических подходов функциональные колонки как группы нейронов со сходной сенсорной настройкой, охватывающие все слои, были обнаружены практически во всех областях коры головного мозга (D. Hubel, T. Wiesel, 1963; Д. Хьюбел, 1990; N. Abeles, N. Goldstein, 1970; H.Asanuma, 1975; G.Bonin, von, W.Mehler, 1971; O.Creutzfeldt, 1976; O. Creutzfeldt et al, 1974; C.Legendy, 1978; E. Bartfeld, A.Grinvald, 1992; G.Goodhill, M.Carrreira-Perpinan, 2002; J.Linden, C.Schreiner, 2003; A.Towe, 1975; C.Welker, 1971; R.Aronoff et al, 2008; H.Markram, 2008 и мн. др.). При этом большинство исследований было выполнено на зрительной и соматосенсорной (в основном, в области представительства вибрисс) коре мозга. Описаны свойства функциональных колонок при оценке по различным параметрам сенсорной настройки и различной модальности. В контексте последующего изложения важно отметить также, что сенсорный вход и моторный выход колонок в моторной коре мозга топологически сходны (H.Asanuma et al, 1968) и между соседними колонками формируются межнейронные взаимодействия по типу латерального торможения (G.Orban, 1984).

Однако многие проблемы колончатой организации остаются нерешенными до настоящего времени, в первую очередь - механизмы функционирования колонок и динамические операции внутри них (V.Mountcastle, 1997).

В данной работе будут рассмотрены следующие вопросы:

1. Нерешенные проблемы колончатой организации нейронов коры головного мозга.

2. Свойства колонок в первичной зрительной коре мозга, обнаруженные при верификации гипотезы ансамблевой организации А.Б. Когана (1964-1979).

3. Представление об относительно независимых каналах переработки информации в колонках и множественных режимах их функционирования.

4. Возможные подходы к исследованию нерешенных проблем колончатой организации нейронов коры головного мозга.

# 1. НЕРЕШЕННЫЕ ПРОБЛЕМЫ КОЛОНЧАТОЙ ОРГАНИЗАЦИИ НЕЙРОНОВ КОРЫ ГОЛОВНОГО МОЗГА

Обсуждаемые в современной литературе (V.Mountcastle, 1997; C.Boucsein, 2011; X.Chen et al, 2003; M.Freeman, 2003; J.Linden, C.Scheiner, 2003; M.Samonds et al, 2004; J.Horton, D.Adams, 2005; N.Kalisman et al, 2005; M.Helmstaedter et al, 2007; H.Markram, 2008; P.Rakic, 2008; N.Maçarico da Costa et al, 2010; K.Roland, Per, 2010; A.Thompson et al, 2011) нерешенные проблемы колончатой организации коры головного мозга могут быть определены следующим образом:

1. Центральная проблема состоит в необходимости исследования принципов внутренней функциональной структуры колонок и способа (ов) их функционирования, понимаемых как преобразование информации от входов колонки к их выходам через систему внутрикорковых связей. В частности, в обобщающей работе Вернона Маункастла она формулирована таким образом: «...*The columnar organization of neocortical areas lends further complexity to the concept of distributed systems.... The connectivity patterns of cortical connections are also columnar in nature. Studies of the dynamic neuronal operations within these distributed systems are now major research programs in neuroscience...*» (V. Mountcastle, 1997, p. 719). Большинство экспериментальных и теоретических исследований в этой области исходят из представления о синхронизации и осцилляторной динамике как одного из возможных механизмов интеграции активности нейронов в колонке (R.Eckhorn et al, 1988; Sh.Gray, W.Singer, 1989; M.Steriade et al, 1993; C.Gray, 1999; J.Hopfield, C.Brody, 2000, 2001; F.Grenier et al, 2003; M.Long et al, 2005; P.Maldonado et al, 2008). Следует подчеркнуть, что в этих исследованиях показано, что: (а) соседние колонки имеют различный паттерн доминирующего типа динамики активности; (б) не все клетки колонки вовлекаются в ритмическую

активность в каждом из частотных диапазонов. Остаются также открытыми вопросы о функциональной роли осцилляторной активности в различных частотных спектрах (F.Briggs, M.Usrey, 2010) и механизмах синхронизации активности нейронов с различной частотной настройкой (Л.Подладчикова и др., 2004, 2011; A.Roopum et al, 2008). Наряду с доминированием гипотезы синхронизации активности нейронов в колонке, имеются другие представления и подходы к изучению механизмов кооперативного функционирования нейронов колонок (F.Briggs, M.Usrey, 2010; R.Canolty, R.Knight, 2010; A.Compte et al, 2003; B.Cragg, H.Temperley, 1954; S.Heitmann et al, 2012; Z.Nadasdy, 2010; C.Pandarinath et al, 2010). Кроме того, в ряде работ рассматриваются данные, указывающие на необходимость пересмотра некоторых постулатов и сложившихся представлений концепции колончатой организации (C.Boucsein et al, 2011; L.Martinec, J.Alonso, 2008; K.Rockland, 2010).

2.	Первичная проблема при экспериментальном изучении функциональных колонок – критерии их идентификации, поскольку детальное исследование внутренней структуры колонок и способов их функционирования невозможно без разработки количественных критериев такого рода. В литературе все чаще поднимается вопрос – а возможна ли идентификация функциональных колонок по сенсорной настройке нейронов? Накапливается все больше фактов и аргументов против такого подхода, вплоть до высказываний – колонки являются структурами, не имеющими функций (H.Chen et al, 2003; M.Crair, E.Ruthazer, 1997; V.Dragoi et al, 2002; M.Freeman, 2003; J.Horton, D.Adams, 2005; P.Maldonado et al, et al, 1997; I.Nauhaus et al, 2008; L.Nowak et al, 2005; G.Rinkus, 2010; Van Houser et al, 2005). На Рис. 1 представлены примеры экспериментальных данных о существенной динамике ориентационной настройки нейронов в зависимости от ориентации адаптирующего стимула, непосредственно предшествующего тестовому стимулу (Рис. 1, I), а также об изменении свойств рецептивных полей в зависимости от уровня мембранного потенциала клеток (Рис. 1, II).

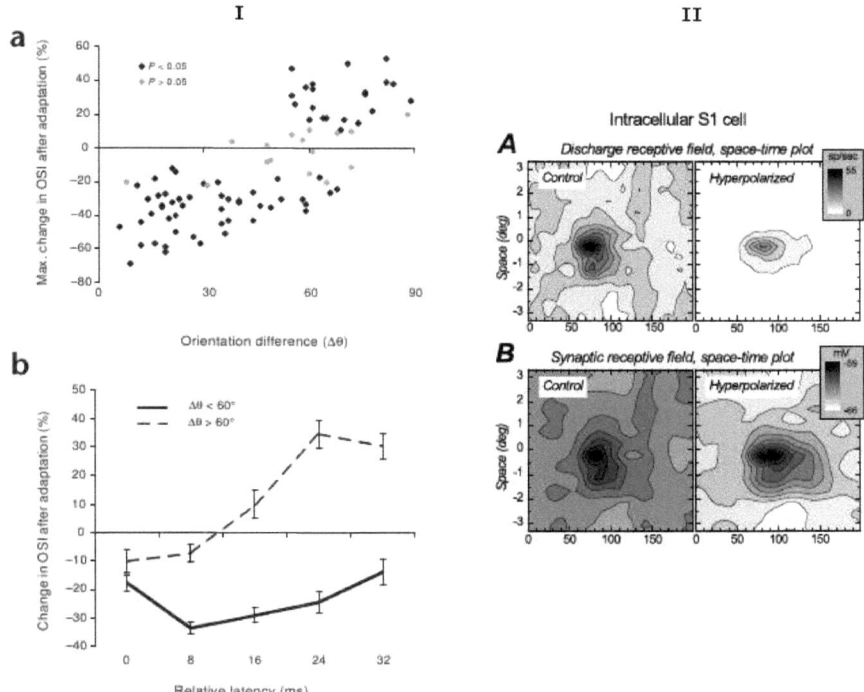

Рис. 1. Динамика рецептивных полей нейронов зрительной коры мозга. I - влияние ориентации адаптирующего стимула на ориентационную предпочтительность нейронов (рис.5 из работы V. Dragoi et al, 2002, http://www.nature.com/neuro/journal/v5/n9/index.html); II – влияние изменения мембранного потенциала на структуру рецептивного поля простого нейрона, оцениваемую: (A) по импульсным разрядам и (B) по возбуждающим постсинаптическим потенциалам (рис.5 из работы L. Nowak et al, 2005, http://www.ncbi.nlm.nih.gov/pubmed/15716423.).

3. Еще одна проблема колончатой организации нейронов коры головного мозга, обсуждаемая в литературе, – являются ли функциональные колонки дискретными единицами? Или же они непрерывно картируют сенсорное пространство? Эта проблема до настоящего времени также не имеет однозначного решения. Вместе с тем, на современном этапе накапливается все больше нейрофизиологических фактов (Y. Amitai et al, 2002; C.Anastassiou et al, 2011; J. Chen et al, 2011; C. Chiu, M. Weliky, 2001; A. Gupta et al, 2000; T. Hensch, 2005; D. Katzel et al, 2010; R.Perin et al, 2011; L.Xiao et al, 2013), подтверждающих предположение Дж. Сентаготаи (J.Szentagothai,1978) об организующей роли тормозных интернейронов в формировании колонок и в их функциональной обособленности. В частности, с помощью современных методов прижизненного маркирования нейронов при проведения нейрофизиологических экспериментов обнаружено, что тормозные внутрикорковые взаимодействия ограничены расстоянием 200 мкм и приурочены к границам функциональных групп клеток (Y. Amitai et al, 2002; J. Chen et al, 2011). Кроме того, на ранних этапах онтогенеза, еще до прорастания специфических афферентных волокон, выявлено наличие локальных очагов активности корковых нейронов, имеющих поперечные размеры, близкие к диаметру структурных колонок Дж.Сентаготаи (C. Chiu, M. Weliky, 2001; I.Hanganu-Oparz, 2010; T. Hensch, 2005; M.Long et al, 2005; A.Luczak, J.MacLean, 2012). При этом процесс установления синаптических связей с подкорковыми структурами коррелирует во времени с созреванием тормозных интернейронов в коре, разделяющих локальные группы нейронов с высоким уровнем спонтанной активности, и с элиминацией некоторых синапсов в коре головного мозга.

4. В качестве вопроса, на который известные экспериментальные данные не дают однозначного ответа, рассматриваются и отношения между колонками, обнаруженными при тестировании сенсорной настройки по различным параметрам одной сенсорной модальности (С.Кожухов и др,

2012; E.Bartfeldt, A.Grinvald, 1992; M.Crair, E.Ruthazer, 1997; P.Maldonado et al, 1997; G.Rinkus, 2010).

5. Еще одна проблема – в чем состоит интегральная функция (и) корковых колонок? Удалось обнаружить лишь единичное свидетельство в пользу наличия такой функции (M. Samonds et al, 2004) (Рис. 3, B). Видно обострение кумулятивной остроты ориентационной избирательности в колонке по сравнению с отдельными нейронами.

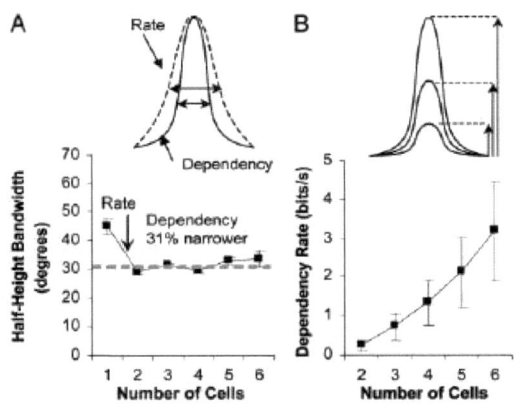

Рис. 2. Ориентационная избирательность (рис. 2 из работы M. Samonds et al, 2004, http://www.pnas.org/content/101/17/6722.long) выше при оценке по группе нейронов по сравнению с отдельными клетками (B).

6. Среди проблем колончатой организации нейронов коры головного мозга, которые практически не исследованы в эксперименте, следует отметить, такие как внутренняя структура колонок и функциональные отношения специализированных их частей (например, подгрупп нейронов *on* и *off* систем, G.Baumgartner, P.Hakas, 1962), механизмы интеграция активности гетерогенных нейронов в колонке (Л.Подладчикова и др, 2004, 2011), отношения между принципом топографической организации (W.Marschall, B.Talbot, 1942) проекций сетчатки на зрительную кору и колончатой организацией нейронов.

## 2. СВОЙСТВА КОЛОНОК, ОБНАРУЖЕННЫЕ ПРИ ВЕРИФИКАЦИИ ГИПОТЕЗЫ АНСАМБЛЕВОЙ ОРГАНИЗАЦИИ НЕЙРОНОВ А.Б. КОГАНА

### 2.1. Методологические особенности исследований

В концептуальном плане наши исследования локальных групп нейронов в зрительной коре мозга исходили из следующих теоретических представлений: (1) Гипотеза ансамблевой организации нейронов А.Б. Когана, впервые изложенная в 1964 году (А.Коган, 1964) и обобщенная в монографии (А.Коган, 1979).

(2) Гипотеза Дж. Сентаготаи о структурных колонках (J.Szentagothai, 1978);

(3) Теория селекции нейронных групп (в современной терминологии автора — теории нейродарвинизма) Дж. Эдельмена (Дж.Эдельмен, В.Маункасл, 1981; J.Edelmen, 1988).

(4) Представление о контекстном представлении локальной зрительной информации (G.Orban, 1984; F.Worgotter, U.Eysel, 2000).

(5) Общая теория систем (В.Кремянский, 1969; L. von Bertalanffy, 1956).

Основные положения ансамблевой гипотезы А.Б. Когана состоят в следующем: а) системность и иерархия локальных нейронных групп; б) соответствие локальных нейронных групп элементам некоторого уровня интеграции; в) на каждом уровне иерархии – новое качество или новая системная функция; г) в качестве элементов первого наднейронного уровня интеграции рассматриваются элементарные нейронные ансамбли; д) такие ансамбли функционируют согласно вероятностно-статистическому принципу, при этом участие каждого нейрона в ансамбле носит вероятностный характер, а стабильный выход ансамбля формируется статистически. Часть этих положений была подтверждена результатами экспериментальных исследований, которые будут рассмотрены далее.

В свою очередь, основные положения теории селекции нейронных групп Дж. Эдельмена состоят в следующем: а) в коре головного мозга существуют локальные нейронные группы; б) они формируются, в основном, за счет сетевой динамики активности нейронов; в) структура связей и типы нейронов в различных локальных нейронных группах сходны; г) локальные нейронные группы в первичных корковых полях выбирают специфические входные паттерны за счет входных влияний; д) специфические обратные связи необходимы для формирования избирательной настройки локальных групп нейронов; е) существует иерархия избирательных локальных нейронных групп, которая формируется поэтапно. Видно, что ряд положений теории селекции нейронных групп Дж. Эдельмена буквально соответствует положениям ансамблевой гипотезы А.Б. Когана.

Наши экспериментальные исследования локальных нейронных групп в зрительной коре мозга имеют ряд особенностей. Важнейшей из них является метод идентификация колонок. В отличие от доминирующего подхода, состоящего в оценке сенсорной настройки нейронов (С.Кожухов и др, 2012; D. Hubel, T. Wiesel, 1963; Д. Хьюбел, 1990; G.Bonin, von, W.Mehler, 1971; O.Creutzfeldt, 1976; O. Creutzfeldt et al, 1974; C.Legendy, 1978; E. Bartfeld, A.Grinvald, 1992; G.Goodhill, M.Carrreira-Perpinan, 2002; J.Linden, C.Schreiner, 2003) функциональные группы нейронов в зрительной коре детектировались с помощью количественной оценки пространственного распределения возбуждающихся и тормозящихся нейронов в условиях диффузной световой стимуляции, а также усредненных гистограмм активности клеток, зарегистрированных в вертикальном треке каждого микроэлектрода. Такие гистограммы позволили количественно оценить интенсивность ответов и их временную динамику в каждом треке, и анализировать пространственное распределение активности в радиальном и тангенциальном планах зрительной коры. Диффузная световая стимуляция, активирующая в равной мере все рецепторы сетчатки в области стимуляции, может быть рассмотрена как аналог белого шума, применяемого при исследовании систем с неизвестной организацией (http://ru.cybernetics.wikia.com/wiki/Обратая_связь_(кибернетика).

Показано, что для корректной оценки функциональной принадлежности данного микроучастка зрительной коры мозга необходимым условием является тестирование не менее 8-10 нейронов в вертикальном треке каждого микроэлектрода. Кроме того, для реконструкции пространственного распределения фоновой и вызванной активности использовались блоки микроэлектродов (от 4 до 7 электродов) с межэлектродным расстоянием в разных сериях экспериментов от 50 до 200 мкм (Л.Подладчикова, Г.Бондарь, 1983). На рис. 3 схематически представлены два блока микроэлектродов, которые применялись в различных сериях экспериментов при исследовании пространственного распределения нейронных реакций и межнейронных взаимодействий в радиальном и тангенциальном плане зрительной коры мозга, соответственно.

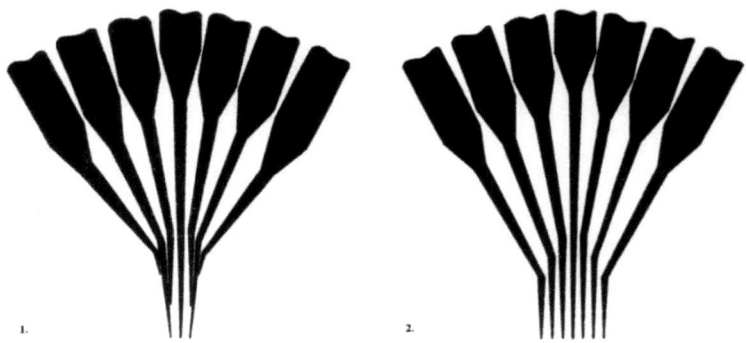

Рис. 3. Общий вид блоков микроэлектродов, использованных при исследовании пространственного распределения нейронных реакций и межнейронных взаимодействий в радиальном (1) и тангенциальном (2) планах зрительной коры мозга морской свинки.

При анализе первичных экспериментальных данных основное внимание уделялось временной динамике активности нейронов. При обобщении полученных результатов оценивалось соответствие выявленных локальных нейронных групп критериям элементов определенного структурного (интегративного) уровня (В.Кремянский, 1969; L. von Bertalanffy, 1956).

Большинство результатов было получено в наших совместных исследованиях с С.А. Чебкасовым, Г.Г.Бондарь, С.А.Ивлевым, Р.А. Тикиджи-Хамбурьяном и др. на зрительной коре мозга морской свинки. Результаты экспериментальных исследований (Г.Бондарь, Л.Подладчикова, 1981; В.Думбай и др., 1971; Л.Подладчикова, 2012; 2013; Л.Подлачикова, Н.Кошуба, 1973; С.Чебкасов и др., 1980) и моделирования (Л.Подладчикова и др., 2004, 2011; L.Podladchikova et al., 1991; I.Rybak et al., 1991; N.Shevtsova et al, 1992) частично были опубликованы ранее. Рассмотрим основные результаты этих исследований.

## 2.2. Пространственное распределение активности нейронов в условиях диффузной и оформленной световой стимуляции

На первом этапе анализа результатов каждого эксперимента определялась доля нейронов, возбуждающихся в ответ на диффузную световую стимуляцию в треке каждого микроэлектрода в блоке. Для сводной оценки пространственного распределения нейронных реакций в тангенциальном плане зрительной коры в каждом эксперименте за точку отсчета принимался трек, в котором было обнаружено максимальное взвешенное количество возбуждающихся нейронов (фокус максимального возбуждения). Пример такого трека представлен на Рис. 4. Следует подчеркнуть, что статистическое распределение возбуждающихся нейронов по микроэлектродным трекам отличалось от нормального, и имело бимодальный характер с пиками в области максимального (около 60% и более) и минимального (около 20% и менее) их количества. После выбора фокуса максимального возбуждения результаты всех эксперименты были объединены и определялось количество нейронов с различными типами реагирования в отсчетном и соседних треках на различных расстояниях от него. Сводное пространственное распределение нейронных реакций в тангенциальном плане представлено на Рис. 5, 1.

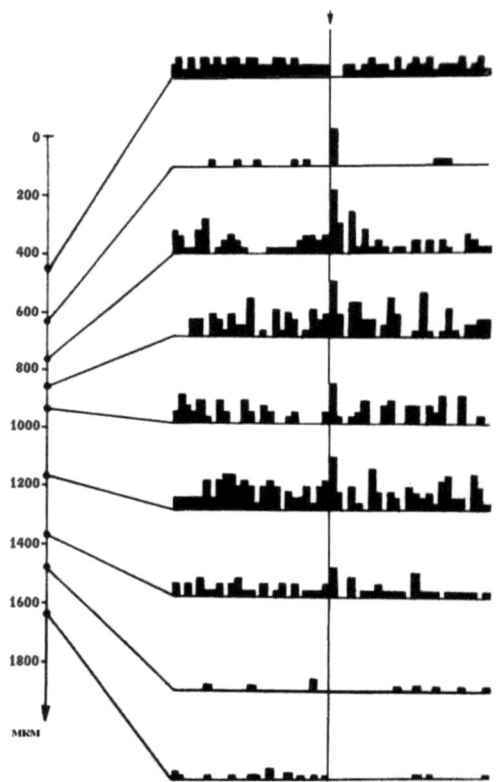

Рис.4. Пример распределения гистограмм нейронных реакций в ответ на вспышку диффузного света (момент предъявления отмечен стрелкой) по треку одного микроэлектрода. Слева отмечены точки отведения нейронов в треке, справа - соответствующие им перистимульные гистограммы импульсной активности, нормированные к 5 предъявлениям; представлена активность каждого нейрона в течение 500 мс до и после стимула.

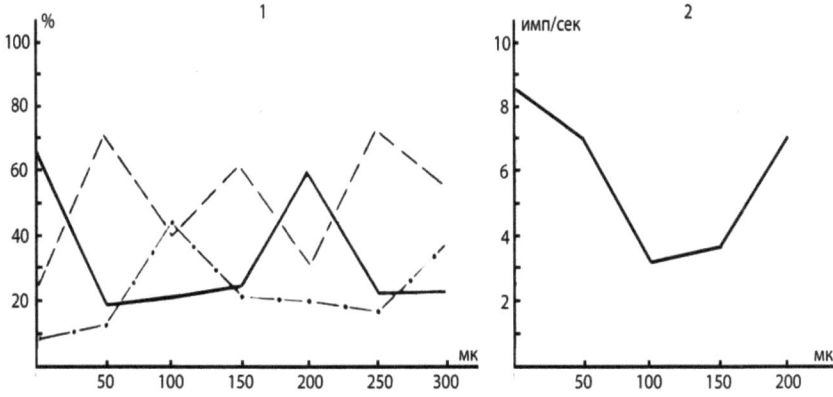

Рис.5. Сводное пространственное распределение активности нейронов во фронтальной плоскости зрительной коры мозга морской свинки. (1) диффузная световая стимуляция, в каждом эксперименте трек, в котором зарегистрировано максимальное количество возбуждающихся нейронов (пример такого трека представлен на рис. 4) рассматривался как отсчетный; сплошная линия – взвешенное количество возбуждающихся нейронов, штриховая линия – тормозящихся нейронов, штрих-пунктирная линия – нереагирующих нейронов; по оси абсцисс – расстояние от отсчетного трека, по оси ординат - % нейронов с данным типом реакции. (2) средняя частота фоновой активности в тех же треках, что и в части (1) рисунка.

Слева на Рис. 5 можно видеть две зоны формирования центральных частей колонок в виде пиков на распределении возбуждающихся нейронов во фронтальной плоскости зрительной коры мозга морской свинки. График справа показывает, что расположение этих зон в условиях вызванной активности предопределено и проявляется в распределении нейронов по частоте фоновой активности. На Рис. 6 представлено аналогичное распределение нейронов, проявляющих возбудительную реакцию во время различных фаз ответов. Следует подчеркнуть, что и во время усредненной тормозной паузы в ответах нейронов на диффузную световую стимуляцию, когда количество возбуждающихся нейронов мало, их распределение имеет те же пространственные параметры, что и во время фаз ответа с более выраженным возбуждением. Возможно, что нейроны, возбуждающиеся во время усредненной тормозной паузы в ответ на диффузную световую стимуляцию, являются одним из типов тормозных интернейронов. Если это предположение верно, то представленные на рисунке данные свидетельствуют в пользу того, что тормозные интернейроны данного типа расположены преимущественно в центральных частях колонок.

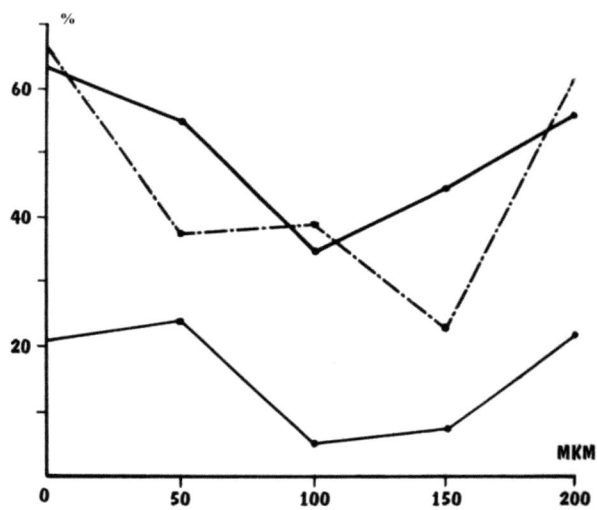

Рис. 6. Пространственное распределение нейронов, возбуждающихся во время различных фаз реакций на вспышку света. Штрих-пунктирная линия – фаза первичного возбуждения (до 80 мс); узкая сплошная линия – усредненная тормозная пауза (80-160 мс); широкая сплошная линия – фаза вторичного возбуждения (160-400 мс).

Факты, представленные на Рис. 5 и Рис. 6, указывают на структурную закрепленность зон формирования функциональных колонок и позволяет рассматривать их как устойчивые пространственные структуры (группы возбуждающихся нейронов, охватывающие все слои зрительной коры и имеющие поперечные размеры около 200 мкм), как на всех фазах реакций в ответ на диффузную световую стимуляцию, так и в условиях фоновой активности. По-видимому, они могут быть рассмотрены как функциональные аналоги структурных колонок, постулированных Дж. Сентаготаи (J.Szentagothai, 1978) на основании обобщения результатов гистологических исследований.

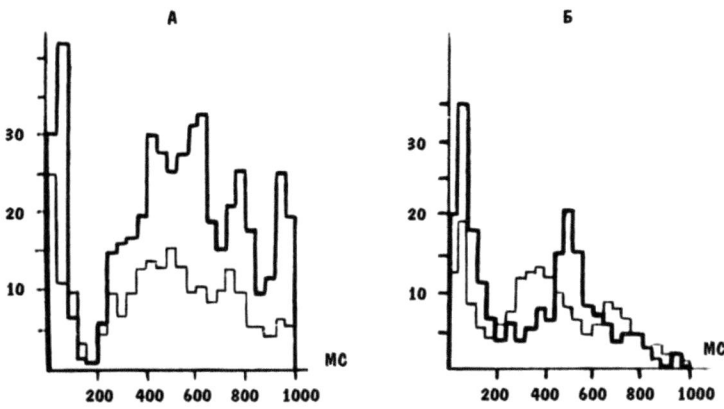

Рис. 7. Примеры нормированных постстимульных гистограмм вызванной активности нейронов соседних колонок в ответ на вспышку диффузного света; А – сходное временное распределение последовательных фаз возбуждения и торможения в реакциях нейронов двух колонок (на гистограммах обозначены различной шириной линий); Б – различное распределение фаз ответов.

Принимая во внимание известные факты о сходстве доминирующего паттерна активности в колонках, идентифицированных по сенсорной настройке (V.Mountcastle, 1997; R.Eckhorn et al, 1988), было проведено также сравнение временной динамики вызванной активности соседних групп возбуждающихся нейронов зрительной коры в условиях диффузной световой стимуляции. Обнаружено, что соседние группы возбуждающихся нейронов могли иметь как сходное, так и различное чередование фаз возбуждения и торможения в ответах (Рис. 7). Эти результаты косвенно указывают на возможное наличие более крупных объединений нейронов, имеющих сходный паттерн вызванной активности.

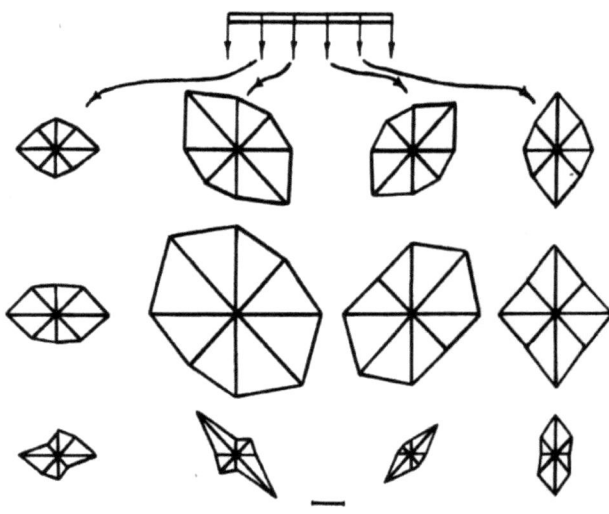

Рис. 8. Суммарные нормированные диаграммы ориентационной настройки нейронов, зарегистрированных в четырех треках (показано стрелками) при продвижении блока микроэлектродов (мехэлектродное расстояние – 200 мкм) по нормали к поверхности зрительной коры мозга морской свинки. Масштабная метка соответствует 80 импульсам для верхнего ряда (все время ответа) и 40 импульсам – для среднего (первичная фаза ответа) и нижнего (поздняя фаза ответа) рядов.

Наряду с применением диффузной световой стимуляции как метода идентификации функциональных нейронных групп по пространственному распределению возбуждающихся нейронов и временной динамике активности, в ряде экспериментов использовалась также оформленная световая стимуляция для оценки сенсорной настройки отдельных нейронов и колонок. Пример усредненных диаграмм ориентационной настройки нейронов соседних треков представлен на Рис. 8.

Видно существенное различие в предпочтительной ориентации в вертикальных микроэлектродных треках, расположенных на расстоянии 200 мкм друг от друга, что согласуется с результатами других исследований ориентационных колонок в зрительной коре (D.Hubel, T.Wiesel, 1963; O.Creutzfeldt, 1976; G.Orban, 1984).

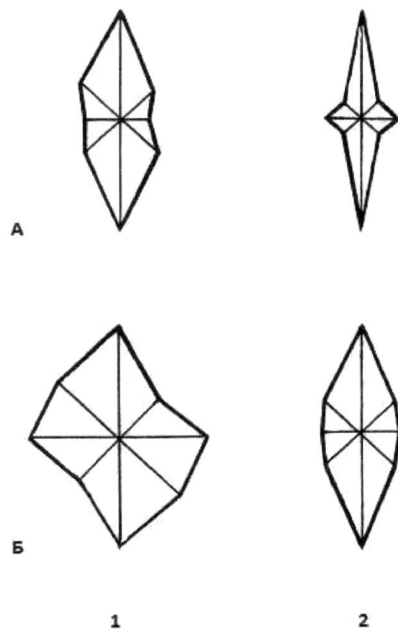

Рис. 9. Нормированные диаграммы ориентационной настройки (в первую фазу ответов на включение ориентированной световой полосы) нейронов центра (1) и периферии (2) колонки при предъявлении стимула в пределах классического рецептивного поля (А) и на расстоянии 10 градусов от него (Б).

В дополнение к этому, проведено сравнение остроты ориентационной настройки нейронов центральной и периферических частей колонок. Пример результатов такого сравнения представлен на Рис. 9. Видно, что при сходстве предпочтительной ориентации у нейронов двух частей колонки, острота ориентационной настройки выше у нейронов периферии, особенно при предъявлении стимула вне классического рецептивного поля.

## 2.3. Пространственное распределение активности нейронов при активации внешних входов

В нескольких сериях экспериментов наряду с диффузной световой стимуляцией применялась также электрическая стимуляция ряда структур мозга для активации внешних входов в зрительную кору мозга, в частности, симметричных пунктов зрительной коры мозга в противоположном полушарии (каллозальных входов) и зон в удаленных участках коры в том же полушарии (Рис. 10).

Представленные графики свидетельствуют о приуроченности каллозальных входов к центральным частям колонок, при этом наиболее выраженные коротколатентные влияния дистантных внутрикорковых входов адресованы, в основном, нейронам 5 слоя. Аналогичная приуроченность к центрам колонок, идентифицированным по ответам на диффузную световую стимуляцию, показана для входов неспецифических структур мозга и наружного коленчатого тела (Г.Бондарь, Л.Подладчикова, 1981; С.Чебкасов и др., 1980). Полученные результаты позволяют рассматривать центральные части колонок как локальные центры конвергенции различных внешних входов.

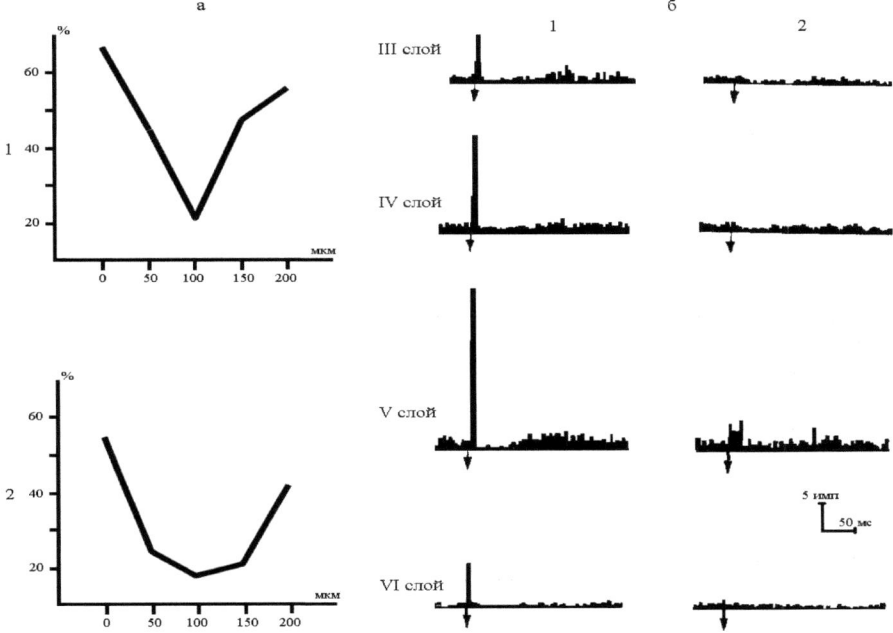

Рис. 10. Пространственное распределение ответов нейронов зрительной коры мозга морской свинки при активации дистантных внутрикорковых входов. (а) сводное распределение возбуждающихся нейронов во фронтальной плоскости; 1 – диффузная световая стимуляция, в каждом эксперименте точка «0» соответствует треку, в котором зарегистрировано максимальное количество возбуждающихся нейронов. 2 – количество нейронов, возбуждающихся при активации входов из симметричного пункта противоположного полушария в тех же треках, что и в части «1» рисунка; (б) сводные гистограммы активности нейронов различных слоев при активации каллозальных входов (1) и входов отдаленных областей коры в том же полушарии (2).

## 2.4. Свойства межнейронных взаимодействий в колонках зрительной коры

Для выявления функциональных связей между нейронами используются различные методы статистического анализа и методы электрической и химической микростимуляции (А.Александров, 1983; В.Думбай и др, 1971; Л.Подладчикова, 1986; Л.Подладчикова, Г.Бондарь, 1983; М.Шик, А.Ягодницын, 1973; H.Asanuma, J.Rosen, 1973; E.Bagshau M.Evans, 1976; O.Creutzfeldt, 1976; B.Gustafsson, E.Jankowska, 1976; A.Herz et al, 1969; G.Orban, 1984; L.Podladchikova, 1992; A.Sillito, 1976; S.Stoney et al, 1968). Достоинством первых является то, что они позволяют изучать межнейронные связи в интактном состоянии, когда, казалось бы, вклад возможных артефактов мал. Однако однозначное установление природы статистической зависимости импульсации двух нейронов в высших центрах нередко затруднительно в силу временного перекрытия компонент синхронизации активности, опосредованных общим входом и прямой связью между нейронами. Методы локальной микростимуляции с большей определенностью выявляют именно межнейронные связи, но они также не свободны от артефактов, что приводит к необходимости обеспечения локальности раздражения и идентификации в каждом случае прямых эффектов раздражения и воздействий, опосредованных межнейронными связями.

Исследование проведено на первичной зрительной коре мозга морских свинок. Было поставлено две серии экспериментов с микростимуляцией: электрической и химической. В обеих сериях для отведения и стимуляции использовались блоки из 5-7 стеклянных микроэлектродов в различных вариантах их взаимного расположения (см. Рис. 3). Микроэлектроды в первой серии экспериментов с микростимуляцией заполнялись 2,5 М раствором хлористого натрия, во второй – 1 М раствором глутаминовой кислоты (pH=7,5); сопротивление электродов в обоих случаях 5-10 мОм, диаметр кончика около 1 мкм. В случае электрической микростимуляции использовались импульсы тока длительностью 0,1 мс, силой 0,5-10 мка, в случае химической микростимуляции – 200-500 мс, 0,5-5 нА.

Определялись реакции нейронов на стимуляцию через каждый из электродов блока. В соответствии с описанными критериями (А.Александров, 1983; М.Шик, А.Ягодницын, 1973; H.Asanuma, J.Rosen, 1973; E.Bagshau M.Evans, 1976; B.Gustafsson, E.Jankowska, 1976; A.Herz et al, 1969; S.Stoney et al, 1968) идентифицировались прямые эффекты раздражения и опосредованные межнейронными связями ответы. Анализ пространственного распределения прямых ответов показал, что зона непосредственного действия раздражающего агента в случае электрической стимуляции не превышала 50 мкм, в случае химической стимуляции – 100 мкм. Эти оценки сопоставимы с имеющимися в литературе сведениями. Применение электрической и химической микростимуляции обеспечивало возможность определения артефактов каждого из методов, поскольку они в определенных отношениях являются взаимоисключающими. Так, в случае электрической стимуляции нельзя полностью исключить возможность активации аксонов удаленных клеток, в случае фореза глутаминовой кислоты – их дендритов. Однако сходство количества выявляемых межнейронных связей и их организации, и некоторые другие факты, свидетельствуют о том, что при выбранных условиях микростимуляции вклад подобных артефактов мал.

На Рис. 11 представлено пространственное распределение возбуждающих и тормозящих межнейронных взаимодействий во фронтальной плоскости зрительной коры морской свинки в зависимости от межэлектродного расстояния, построенное без учета расположения центра и периферии колонок. Видно, что оба типа внутрикорковых межнейронных взаимодействий ограничены расстоянием 200 мкм, что близко к поперечному размеру колонок, выявленных по ответам на диффузную световую стимуляцию и по частоте фоновой активности (см. Рис. 5).

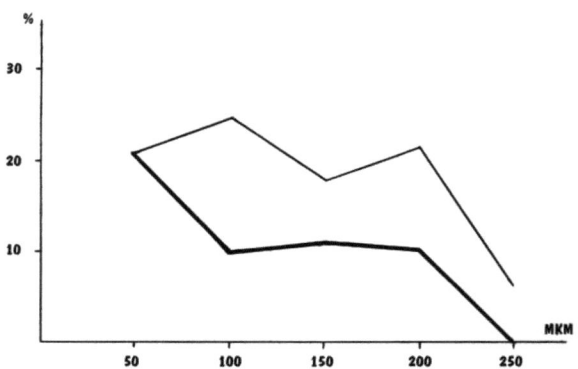

Рис. 11. Пространственное распределение возбуждающих (широкая линия) и тормозящих (тонкая линия) межнейронных взаимодействий во фронтальной плоскости зрительной коры морской свинки, построенное с учетом только расстояния между стимулирующим и регистрирующим микроэлектродами. По оси абсцисс – расстояние между микроэлектродами, по оси ординат - % взаимодействий данного типа.

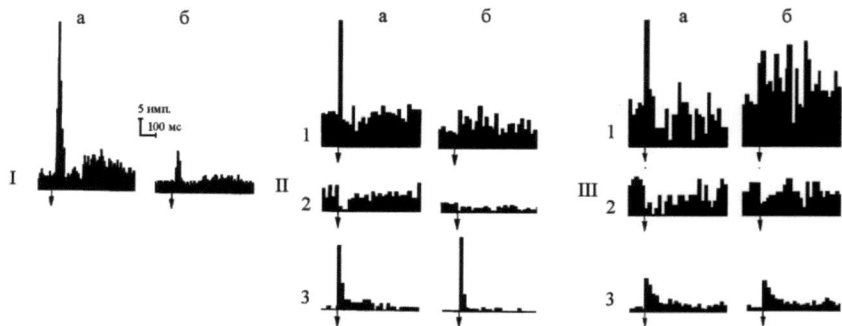

Рис.12. Усредненные гистограммы ответов нейронов центральных (а) и периферических (б) частей колонок в зрительной коре мозга морской свинки при диффузной световой стимуляции (I) и при активации внутрикорковых межнейронных взаимодействий с помощью электрической (II) и химической (III) микростимуляции: (1) возбудительные взаимодействия; (2) тормозные взаимодействия; (3) эффекты микростимуляции в зоне прямого действия раздражающего агента.

На Рис. 12 представлены усредненные гистограммы межнейронных взаимодействий, активируемых с помощью методов микростимуляции. Гистограммы построены с учетом расположения «ведомых»» нейронов в центре или периферии колонок, идентифицированных по реакциям на диффузную световую стимуляцию. Слева представлены усредненные гистограммы активности нейронов центра и периферии колонок в ответ на диффузную световую стимуляцию, в следующих двух колонках — активность, вызываемая межнейронными внутрикорковыми взаимодействиями. Видно, что при сопоставимых ответах нейронов в зоне прямого действия стимуляции через мироэлектрод сила и характер взаимодействий существенно различны в центре и периферии колонок. При использовании метода ионтофореза глутамата, активирующего до 20 нейронов (А.Александров, 1983; A.Herz et al, 1969) в зоне прямого действия раздражающего агента, характер взаимодействий существенно изменяется лишь в периферических частях колонок, что может указывать на более выраженные кооперативные межнейронные взаимодействия в этих микроучастках зрительной коры.

На Рис. 13 представлены усредненные гистограммы межнейронных взаимодействий, активируемых с помощью методов микростимуляции, между нейронами центра и периферии колонки. Представленные гистограммы свидетельствуют о существенной асимметрии внутрикорковых межнейронных взаимодействий между нейронами центра и периферии одной колонки. При этом нейроны центра колонки получают: в основном, тормозные влияния от периферии, в то время как в обратном направлении преобладает короколатентное возбуждение. Аналогичная асимметрия межнейронных взаимодействий обнаружена между центром и периферией соседних колонок.

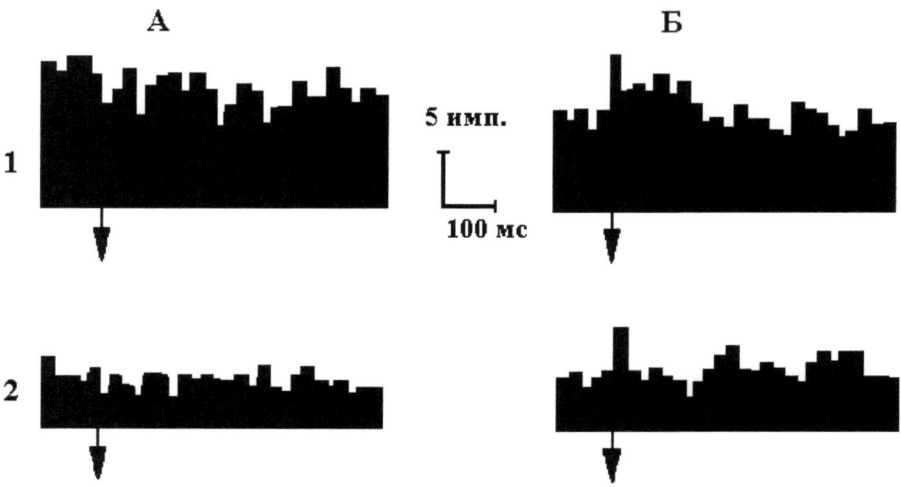

Рис. 13. Внутрикорковые взаимодействия между нейронами одной колонки. А – суммарные нормированные гистограммы ответов нейронов центральной части колонок при стимуляции через отводящий микроэлектрод нейронов, регистрируемых в периферической части колонок (расстояние – 100 мкм); Б – то же в обратном направлении. 1 – метод хемостимуляции, 2 – метод электрической микростимуляции.

На следующем рисунке представлены гистограммы, характеризующие «сильные» и «слабые» тормозящие межнейронные взаимодействия, обнаруженные в наших исследованиях с помощью различных методов (Рис. 14, I) и данные Y. Yoshimura et al, 2000, полученные при внутриклеточном отведении (Рис. 14, II).

Данные, представленные на Рис. 14, свидетельствуют о том, что как тормозные, так и возбудительные внутрикорковые межнейронные взаимодействия существенно различаются по силе. При этом возбуждающие постсинаптические потенциалы при активации вертикальных взаимодействий имеют большую амплитуду, чем при активации горизонтальных взаимодействий (Рис. 14,II).

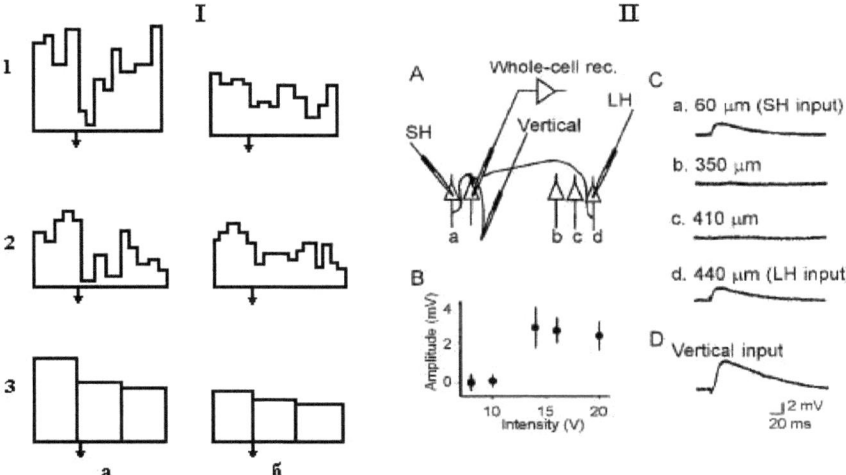

Рис. 14. «Сильные» и «слабые» внутрикорковые межнейронные взаимодействия. I – тормозные сильные (а) и слабые (б) взаимодействия; 1 – метод хемостимуляции через отводящий микроэлектрод, 2 – метод электрической микростимуляции, 3 – метод перекрестных интервальных гистограмм между импульсами в парах нейронов. II - зависимость силы межнейронных взаимодействий от расстояния и направления (рис. 1 из работы Y. Yoshimura et al, 2000, http://www.jneurosci.org/content/20/5/1931.full.pdf): схема расположения микроэлектродов (А) и примеры унитарных возбуждающих постсинаптических потенциалов, вызванных фокальной стимуляцией горизонтальных (С) и вертикальных (D) входных путей; зависимость средней амплитуды возбуждающих постсинаптических потенциалов от интенсивности стимула (В).

Полученные результаты позволили представить структуру наиболее выраженных возбудительных и тормозных межнейронных взаимодействий внутри и между различными частями колонок (Рис. 15). Эти результаты согласуются с известными данными, в частности, о характере внутрикорковых

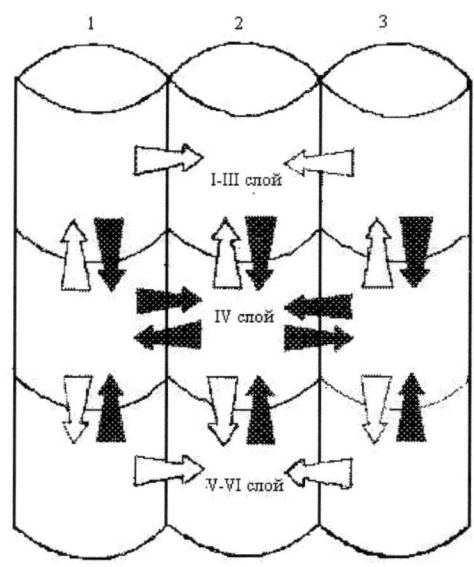

Рис. 15. Схема наиболее выраженных внутрикорковых взаимодействий между нейронами центральных (1, 3) и периферических (2) частей колонок. Белые стрелки– возбуждающие взаимодействия, черные стрелки – тормозящие взаимодействия.

взаимодействий между нейронами разных слоев зрительной коры (C.Gilbert, T.Wiesel, 1979; A.Sillito, 1976).

Также был оценен диапазон «весов» возбуждающих межнейронных взаимодействий в различных частях колонок (Таблица 1). Веса взаимодействий определялись как вероятность возникновения импульса, опосредованного межнейронной связью, в ответ на один импульс в зоне прямого действия раздражающего агента. Из Таблицы 1 видно, что при использовании метода ионтофореза глутамата веса взаимодействий возрастают в большей мере внутри периферических частей колонок. Эти факты согласуются с результатами, представленными на Рис. 12.

Таблица 1. Диапазон «весов» внутрикорковых возбуждающих межнейронных взаимодействий, выявляемых с помощью методов микростимуляции.

| Расположение "ведущих" и "ведомых" нейронов | Метод микростимуляции | |
|---|---|---|
| | Электрическая | Ионтофорез глутамата |
| От IV слоя к нижним и верхним слоям внутри центра колонок | 0.20 | 0.40 |
| От IV слоя к нижним и верхним слоям внутри периферии колонок | 0.06 | 0.30 |
| От центра к периферии внутри одной колонки | 0.05 | 0.14 |
| Между нейронами периферии соседних колонок | 0.04 | 0.11 |

Кроме того, с помощью метода перекрестных интервальных гистограмм была проанализирована зависимость выявляемых межнейронных взаимодействий от межимпульсного интервала в активности «ведущего» нейрона. Пример такого анализа представлен на Рис. 16.

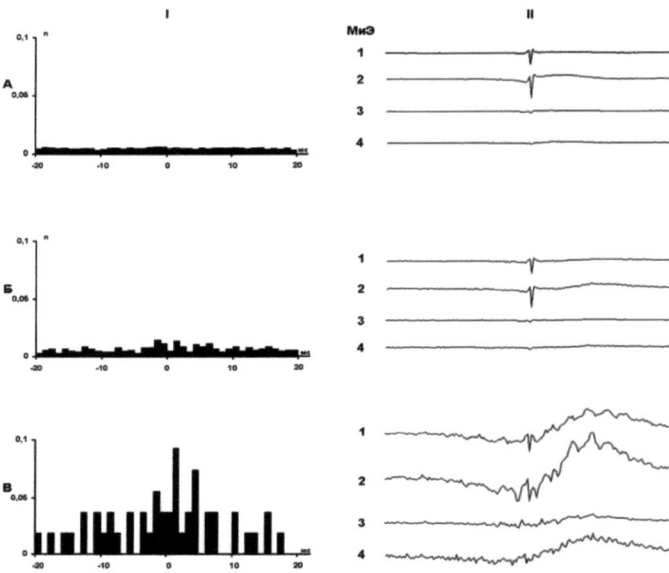

Рис. 16. Межнейронные функциональные связи зависят от межимпульсного интервала. I - перекрестные интервальные гистограммы у нейронов одной и той же пары, отводимой микроэлектродами «1» и «2»; II – фокальные потенциалы, усредненные относительно референтного импульса и отводимые одновременно четырьмя микроэлектродами. А – единичные разряды референтного нейрона, Б – спаренные разряды референтного нейрона с интервалом 10-15 мс, В - спаренные разряды референтного нейрона с интервалом 2-5 мс.

Видно, что единичные импульсы референтной клетки в данной паре нейронов не активируют межнейронных взаимодействий, в отличие спаренных разрядов с коротким интервалом. В свете этих результатов представляется вероятным, что известная синхронизация активности в колонках в диапазоне частот ниже 100 Гц, отражает в большей мере синхронизацию подкорковых входов и/или рекруитирование корково-подкорковых взаимодействий, чем активацию внутрикорковых межнейронных связей.

# 3 ВОЗМОЖНЫЕ МЕХАНИЗМЫ ПЕРЕРАБОТКИ ИНФОРМАЦИИ В КОЛОНКАХ ЗРИТЕЛЬНОЙ КОРЫ

На основе представленных и известных фактов можно высказать ряд предположений, которые доступны для исследования с помощью методов моделирования и нейрофизиологического эксперимента:

1. Корковая колонка может быть рассмотрена как распределенная система с множественными относительно независимыми параллельными каналами переработки информации, различающимися по скорости, связям, частотной и сенсорной настройке, с множественными входами и выходами. Результаты их функционирования могут проявляться в совместной активности (в том числе, в фазовых отношениях) нейронов разного типа (быстрые, промежуточные и медленные клетки), которые формируют дистантные выходы колонки. Возможно, что идентифицированные по временной динамике активности нейроны зрительной коры соответствуют известным (O.Creutzfeldt, M.Ito, 1968; K.Hoffman, J.Stone, 1971; D.Duane et al, 1968; L.Martinez, J.Alonso, 2003; G.Orban, 1984) морфофункциональным типам нейронов (X, Y и W), обнаруженным на всех уровнях зрительной сенсорной системы (от сетчатки до коры головного мозга).

2. В реальной структуре зрительной коры мозга «быстрые», «промежуточные» и «медленные» нейроны (или нейроны X, Y и W типов) не существуют изолированно, а связаны множественными внутрикорковыми и подкорковыми связями и могут участвовать в формировании ритмических процессов с различным частотным спектром. Касаясь проблемы синхронизации активности и совместного функционирования «быстрых» и «медленных» нейронов в колонках, можно рассмотреть два возможных варианта. В первом случае, если допустить наличие идентичных входных воздействий на все нейроны

колонки, активность «быстрых» и «медленных» клеток может быть синхронизована в наибольшей мере лишь при низкой частоте входных сигналов; при их средней частоте активность гетерогенных элементов колонки синхронизована частично с временным перекрытием их паттернов; при высокой частоте – элементы квазинезависимы. Другая возможность увеличения зон перекрытия временной динамики активности в колонке может быть обусловлена наличием специфических входных паттернов, которые получают «быстрые» и «медленные» нейроны, соответственно. Последнее предположение косвенно подтверждается известными данными об относительной независимости путей и нейронов типа   X, Y, W (G.Orban, 1984), имеющих ряд морфологических и функциональных различий на разных уровнях зрительной сенсорной системы.

3.    Осевую структуру переработки информации в колонках  формируют «сильные» межнейронные взаимодействия, свойственные, в основном, быстрым клеткам. В свою очередь, медленные клетки, проявляют «слабые» внутрикорковые взаимодействия, для активации которых необходима синхронизация входов большого числа нейронов.

4.    Характер синхронизации активности гетерогенных выходных нейронов зависит от текущего состояния их внешних входов и активации межнейронных взаимодействий внутри колонок. При этом синхронизация в низкочастотной области определяется в большей мере активацией общего входа, в высокочастотной – активацией внутрикорковых связей.

Рассмотренные условия формирования динамической синхронизации активности в колонке могут быть детально исследованы в нейрофизиологических экспериментах с одновременным отведением нескольких нейронов наружного коленчатого тела и зрительной коры мозга, а также с помощью имитационных моделей, в которых учтены характерные свойства структуры колонок.

# 4. ПЕРСПЕКТИВЫ ИССЛЕДОВАНИЯ ВНУТРЕННЕЙ СТРУКТУРЫ КОЛОНОК

## 4.1. Нейроинформационный подход к исследованию механизмов функционирования корковых колонок

На современном этапе методы нейроинформатики рассматриваются как важнейший инструмент на пути к формированию интегративной нейронауки (Л.Подладчикова и др., 2011; S.Amari et al, 2002; J.Biale, S.Grillner, 2007; G.George, J.Hawkins, 2009). Основными областями применения методов нейроинформатики являются: создание компьютерных баз первичных экспериментальных данных, полученных на различных уровнях исследования, для их широкого распространения и применения различных методов обработки ранее проведенных экспериментов; разработка специализированных средств анализа данных; создание вычислительных моделей, аккумулирующих непротиворечивые данные.

В меньшей мере развивается область применения моделей как инструмента для тестирования нейрофизиологических гипотез и формулировки предположений, доступных верификации в направленных экспериментах и последующего уточнения модели на основе полученных экспериментальных данных. Как следует из анализа собственных и известных данных, приведенного выше, в настоящее время логика исследований вплотную подошла к решению основной проблемы колончатой организации нейронов коры головного мозга— изучению механизмов (способов) функционирования колонок и динамических операций внутри них. В силу методических ограничений экспериментальное изучение этой проблемы в полном объеме в настоящее время не представляется возможным. Вместе с тем, разрабатываются подходы к последовательному приближению к ее решению, как со стороны экспериментальных, так и модельных исследований.

В экспериментальных исследованиях должны быть решены следующие задачи: разработка методов для изучения групп гетерогенных клеток с распределенными входами и выходами; идентификация в пределах колонок специализированных частей для изучения их функциональных отношений (внутренней структуры); идентификация входных и выходных элементов и исследование преобразования информации от входа к выходу по системе внутрикорковых связей; идентификация сильных и слабых внутрикорковых межнейронных взаимодействий и исследование их природы и функциональной роли; исследование сетевых свойств по временной динамике активности отдельных нейронов и поиск переходных состояний в динамике активности.

В перспективе, при формализации непротиворечивых экспериментальных данных в усредненной функциональной колонке (Рис. 17, M. Helmstaedter et al, 2007; The Blue Brain Project. (http://bluebrain.ep?.ch/)), как относительно обособленной, за счет системы внутрикоркового торможения (J.Szentagothai, 1978), структурно-функциональной единице организации коры головного мозга, должны быть аккумулированы также результаты, которые нередко приводят к необходимости пересмотра некоторых классических представлений о нейронной организации. В качестве результатов такого рода могут быть рассмотрены следующие: (1) сведения о возможности несинаптической интеграции активности нейронов (в частности, обусловленной внеклеточным электрическим полем и регуляторными пептидами); (2) данные о межнейронных взаимодействиях, опосредованных электрическими синапсами; (3) сведения о временной динамике локальных межнейронных взаимодействий, полученные при одновременном внутриклеточном отведении активности нескольких нейронов; (4) данные о бистабильной активности нейронов; (5) сведения об организующей и информационной роли глиальных клеток различных типов (J.Anderson et al, 2000; J.Amitai et al, 2002; M.Galaretta, S.Hestrin, 2002; D.Faber, 2010; C.Pandarinath et al, 2010; F.Pfrieger, 2010; C.Anastassiou et al, 2011; W.Armstrong, 2011; S.Gordeeva et al, 2012; S.Heitmann et al, 2012; U.Pannasch, N.Rouach, 2013; A.Thomson, H.Wake et al, 2013; S.Weiss, L.Xiao et al, 2013; T.Yamada et al, 2013).

35

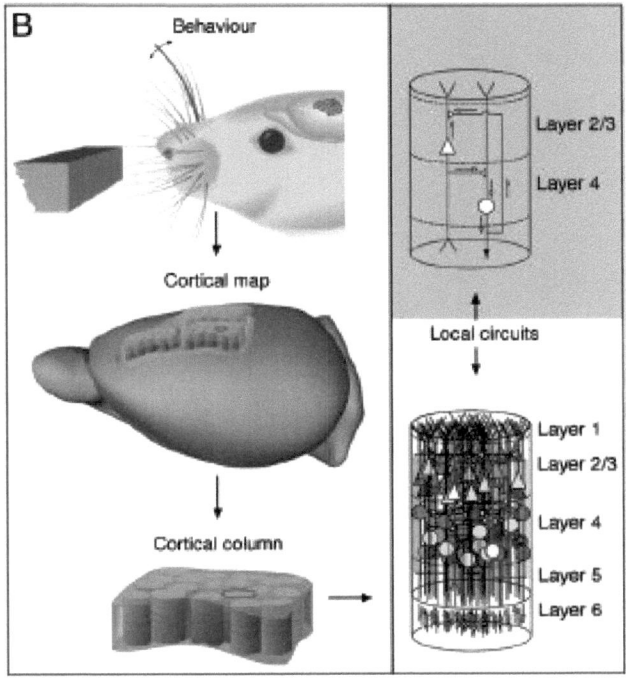

Рис. 17. Схематическое представление локальных цепей, которые могут управлять поисковым поведением. Анализ локальных цепей путем комбинации измерений *in vitro* (серый фон) *in vivo* (белый фон). Фрагмент рисунка 1 из работы (M. Helmstaedter et al, 2007, http://www.ncbi.nlm.nih.gov/pubmed/17822776).

На модели усредненной колонки, в которой учтены характерные свойства внутренней структуры колонок, может быть проанализирован вклад факторов, недоступных для прямого детального изучения в эксперименте. В частности, должны быть оценены: диапазон входных паттернов, определяющих тот или иной вид совместной активности быстрых и медленных нейронов; межуровневые взаимодействия быстрых и медленных нейронов; условия пространственно-временной суммации для активации «сильных» и «слабых» межнейронных взаимодействий. Результаты исследования моделей колонки в компьютерных экспериментах позволят сформулировать предположения, доступные проверке в нейрофизиологическом эксперименте на современном методическом уровне. Один из примеров реализации такого подхода представлен в работах I.Rybak et al (1991) и N.Shevtsova et al (1992).

На подобной модели могут быть тестированы, в частности, возможные причины некоторого несоответствия результатов моделирования и эксперимента о временной динамике «быстрых» и «медленных» нейронов и частотно-пороговой зависимости синхронизации их активности, обнаруженного в наших исследования (Л.Подладчикова и др, 2004, 2011).

## 4.2. Временная динамика и интеграция активности гетерогенных нейронов в колонке

Наши исследования, проведенные с помощью нейроинформационного подхода, направлены на изучение условий и механизмов синхронизации активности нейронов различных функциональных типов в колонках. В отличие от известных методов, основанных на анализе временной динамики активности в ответ на ступеньку тока и использовании других специальных методических приемов (O. Creutzfeldt et al, 1974; G.Orban, 1984), в разработанных методах анализируется текущая активность нейронов и акцент делается на оценке длительности потенциала действия и его фронтов, абсолютной и относительной рефрактерности, следовых потенциалах, латентном периоде первого максимума в постимпульсных гистограммах, идентификации характеристических паттернов и переходных состояний между ними.

Разработано несколько версий нейросетевых моделей локальных нейронных групп в зрительной коре мозга. В различных моделях отдельные элементы были реализованы на основе модифицированного импульсного нейрона или нейрона типа Ходжкина-Хаксли. Вычислительные эксперименты

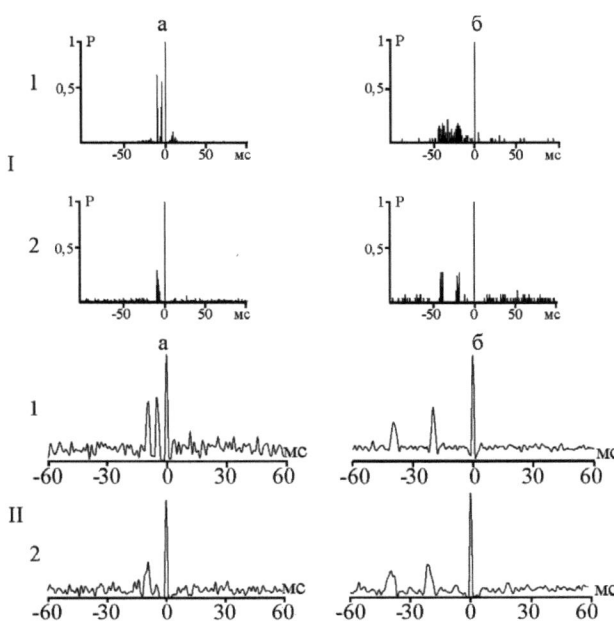

Рис. 18. Примеры периодов квазиритмической активности, выявленных с помощью дополнительных условий (S.Markin et al, 2005) на референтный импульс. I - нейроны зрительной коры морской свинки, II - динамика активности модельных клеток с различной постоянной времени. В каждом случае: 1 – быстрая клетка; 2 – медленная клетка; а - наличие импульсов с минимальным интервалом, характерном для быстрых нейронов; б - то же при интервалах, характерных для медленных нейронов. Модельные клетки активировались последовательностью импульсов одного из быстрых нейронов, зарегистрированных в зрительной коре мозга морской свинки.

были проведены на группах клеток разного типа, не связанных между собой, на версиях модельных клеток с приемлемым уровнем сходства с формой потенциала действия реальных нейронов. Основное внимание было уделено анализу факторов, обусловливающих синхронизацию активности быстрых, промежуточных и медленных нейронов при вариации амплитуды и частоты входных импульсов (Рис.18-20).

На Рис. 18 представлены некоторые различия между экспериментальными данными и результатами моделирования, которые указывают на возможный вклад сетевых свойств в динамику активности отдельных нейронов в формирование фазы торможения, предшествующей периоду квазиритмической активности и его особенностей в различных частотных диапазонах.

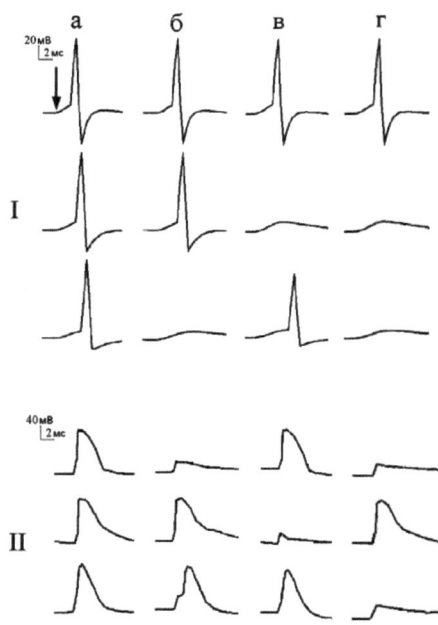

Рис. 19. Варианты (а - г) совместной активности быстрой (верхний ряд), промежуточной (средний ряд) и медленной (нижний ряд) модельных клеток при их синхронной активации последовательностью импульсов быстрого нейрона зрительной коры морской свинки; стрелкой отмечен момент поступления входного сигнала; I – модель на основе модифицированного импульсного нейрона; II – модель на основе нейрона типа Ходжкина-Хаксли.

Обнаружено, что в разные периоды возможны различные варианты совместной активности «быстрых», «промежуточных» и «медленных» модельных нейронов (Рис. 19): а) синхронизация разрядов всех элементов; б), в) попарная синхронизация потенциалов действия разных элементов; г) асинхронные разряды модельных нейронов разного типа. При этом возбуждающие постсинаптические потенциалы у нейронов разных типов возникали почти синхронно на каждый из входных сигналов, в то время как потенциалы действия генерировались с некоторым временным сдвигом или не возникали вообще. Анализ результатов показал, что степень синхронизации активности нейронов разного типа зависит от многих факторов, таких, как накопление следовой де- и гиперполяризации, частота и временное распределение входных сигналов, амплитуда входного сигнала. В частности, обнаружено увеличение длительности периодов квазиритмической активности

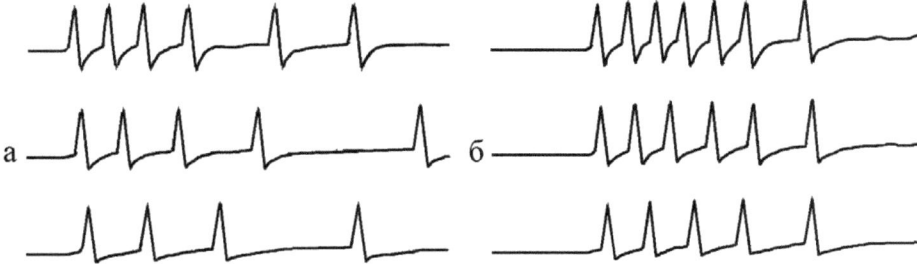

Рис. 20. Периоды квазиритмической активности быстрой (верхний ряд), промежуточной (средний ряд) и медленной (нижний ряд) модельных клеток при их синхронной активации при варьировании частоты и амплитуды входных воздействий; (а) пороговый стимул, (б) амплитуда входных воздействий в 2 раза выше порога.

и степени синхронизации активности нейронов разных типов при возрастании амплитуды и частоты (нередко значительно превышающих физиологически допустимые величины) входных воздействий (Рис. 20). Примечательно, что каждая из модельных клеток преобразовывала одну и ту же последовательность входных сигналов в характерный паттерн выходных импульсов, соответствующий ее собственной частотной настройке.

## ЗАКЛЮЧЕНИЕ

Анализ и обобщение собственных и известных экспериментальных данных и представлений, проведенные в данной работе, позволили определить: (1) нерешенные проблемы колончатой организации нейронов коры головного мозга; (2) свойства колонок в первичной зрительной коре мозга, обнаруженные при верификации гипотезы ансамблевой организации А.Б. Когана (1964-1979); (3) представление об относительно независимых каналах переработки информации в колонках и множественных режимах их функционирования; (4) перспективы исследования нерешенных проблем колончатой организации нейронов, в первую очередь, внутренней структуры колонок.

Результаты исследования колонок в первичной зрительной коре мозга, полученные при верификации гипотезы ансамблевой организации А.Б.Когана, позволяют заключить следующее:

1. Колонки имеют две части с принципиально различными внешними и внутренними связями, свойствами динамики активности нейронов и сенсорной настройкой. К центральным частям колонок приурочены различные афферентные входы (специфические, неспецифические и ассоциативные). Конвергенция различных внешних входов на центральных частях колонок позволяет рассматривать их как части колонок, реализующие начальную интеграцию входной информации.

2. Разработаны четкие, повторяемые из эксперимента в эксперимент, количественные критерии идентификации центра и периферии колонок по пространственному распределению нейронных ответов на диффузную световую стимуляцию.

3. Выявлены различия во внутрикорковых межнейронных взаимодействиях по силе и временной динамике внутри центра и периферии колонок. Показано, что нейроны периферии колонок получают более выраженное возбуждение по локальным внутрикорковым связям, в том числе - от соседних колонок. Они могут быть рассмотрены как части колонок,

выполняющие вторичную внутрикорковую интеграцию. В свою очередь, нейроны центральных частей находятся под тормозным контролем со стороны периферических частей колонок.

4. Показана существенная гетерогенность нейронов в колонке («быстрые» и «медленные» клетки).

5. Результаты экспериментальных и модельных исследований свидетельствуют о том, что нейроны центра колонок имеют более низкую остроту ориентационной избирательности по сравнению с нейронами периферии. Эти факты могут быть сопоставлены с известными данными (Д.Хьюбел, 1990; P.E. Maldonado et al, 1997; G. Orban, 1984) о низкой остроте ориентационной избирательности нейронов колонок, расположенных в областях высокой активности цитохромоксидазы.

6. Обнаружено, что внутрикорковые взаимодействия избирательно активируются при коротких межимпульсных интервалах в отличие от активации общего входа при большей длительности интервала.

7. Получены данные о том, что каждый афферентный вход адресован нейронам различных слоев колонок. Эти факты указывают на возможность многоконтурного управления активностью корковых колонок.

8. Обнаружены преимущественно активирующие воздействия от локальных и дистантных внутрикорковых входов на нейроны верхних и нижних слоев колонок, в то время как нейроны 4-ого слоя получают, в основном, тормозные влияния от нейронов других слоев. Эти данные согласуются с результатами экспериментальных исследований и моделирования о возможности блокирования сенсорных входов колонки при активации top-down механизмов (N. Wagatsuma et al, 2011).

9. Получены факты, указывающие на более выраженную кооперативную природу межнейронных взаимодействий на периферии колонок.

Таким образом, в работе обосновано, что на современном этапе происходит поворот от описательного уровня исследования функциональных колонок к решению ключевых проблем — изучению внутренней структуры и принципов их функционирования. Нейроинформационный подход с множественными итерациями между экспериментом и моделированием рассматривается как наиболее перспективный путь к решению этих проблем.

# СПИСОК ИСПОЛЬЗОВАННЫХ ИСТОЧНИКОВ

1. Александров А.А. Метод микроэлектрофореза в физиологии. Л.,«Наука»,1983. 148 с.

2. Блейксли С., Хокинс Дж. Об интеллекте. М.: Изд. дом «Вильямс». 2007. 242 с.

3. Бондарь Г.Г., Подладчикова Л.Н. Функциональная организация зрительной коры при стимуляции неспецифических структур среднего мозга и таламуса. - Ростов-на-Дону: РГУ, 1981. Деп. в ВИНИТИ, N 1544-81.

4. Думбай В.Н., Л.Н.Подладчикова, С.А.Чебкасов. Исследование межнейронных связей по реакции одного нейрона на микрополяризацию другого. Физиол. журн. СССР, 1971, 87, 4, С. 497-503.

5. Коган А.Б. Вероятностно-статистический принцип нейронной организации функциональных систем мозга. ДАН СССР, 1964, 154, 5, 1231.

6. Коган А.Б. Функциональная организация нейронных механизмов мозга. Л.: Медицина. 1979. 224 с.

7. Кожухов С.А., Лазарева Н.А., Иванов Р.С., Бондарь И.В. Сравнение динамики ориентационной настройки нейронов, расположенных в разных функциональных доменах первичной зрительной коры кошки // Мат. XVI Международной конференции по нейрокибернетике. Ростов-н/Д.: ЮФУ. 2012. Т.1. С.102-105.

8. Кремянский В.И. Структурные уровни живой материи. Теоретические и методологические проблемы, изд-во «Наука», Москва, 1969, 295 с.

9. Подладчикова Л.Н. Ансамблевая организация нейронов: гипотеза А.Б. Когана, факты, современные проблемы. Когановские чтения. Ростов-н/Д. НИИНК ЮФУ. 2012. http://krinc.ru/userfiles/file/lectures/kogan_lecture_lnp_2012_final.pdf

10. Подладчикова Л.Н. Возможные механизмы переработки информации в колонках зрительной коры мозга // Мат. XVI Международной

конференции по нейрокибернетике. Ростов-н/Д.: ЮФУ. 2012. Т.2. С.260-263. http://krinc.ru/

11. Подладчикова Л.Н. Структурно-функциональные колонки корковых нейронов: от гипотезы Р. Лоренте де Но до современных представлений. Нейроинформатика-2013. XV Всероссийская научно-техническая конференция "Нейроинформатика-2013": Лекции по нейроинформатике. М.: МИФИ С.124-149.

12. Подладчикова Л.Н. Возможности и ограничения различных методов исследования внутрикорковых связей. Ростов-на-Дону: РГУ, 1986. Деп. в ВИНИТИ, N 5975-86, 16 с.

13. Подладчикова Л.Н., Белякова Н.В., Бондарь Г.Г. О приуроченности афферентации из противоположного полушария к функциональным группировкам нейронов зрительной коры. - В сб.: "Взаимоотношения полушарий мозга". - Тбилиси, 1982. - С. 54-55.

14. Подладчикова Л.Н. Бондарь Г.Г. Организация внутри- и межансамблевых взаимодействий в зрительной коры. - Ростов-на-Дону: РГУ, 1983. Деп. в ВИНИТИ, N 5889-83., 26 с.

15. Подладчикова Л.Н., Бондарь Г.Г., Дунин-Барковский В.Л. Особенности активности "быстрых" и "медленных" клеток Пуркинье мозжечка; - Биофизика, 2002, 47. С. 338-344.

16. Подладчикова Л.Н., Бондарь Г.Г., Ивлев С.А., Тикиджи-Хамбурьян Р.А., Дунин-Барковский В.Л. Динамика активности клеток Пуркинье мозжечка при изменении длительности сложных импульсов. Биофизика, 2008, том 53, вып.3, С. 488-494.

17. Подладчикова Л.Н., Колтунова Т.И., Белова Е.И., Тикиджи-Хамбурьян Р.А., Ищенко И.А., Шапошников Д.Г. Нейроинформационный подход к исследованию нейронных и системных механизмов зрительного восприятия // Нейроинформатика-2011. XII Всероссийская научно-техническая конференция. Лекции по нейроинформатике. М.: МИФИ. 2011. С. 185-217.

18. Подладчикова Л.Н., Н.К.Кошуба. О пространственном распределении реакций нейронов стриарной коры морской свинки в зонах представительства центральной и периферической областей сетчатки. Физиол. журн. СССР, 1973, 89, 8, С. 1183-1189.

19. Подладчикова Л.Н., Тикиджи-Хамбурьян Р.А., Бондарь Г.Г., Гусакова В.И., Ивлев С.А., Дунин-Барковский В.Л. Временная динамика активности «быстрых» и «медленных» нейронов зрительной коры мозга и мозжечка // Нейрокомпьютеры: разработка и применение. 2004. №11. С.50-62.

20. Подладчикова Л.Н., Тикиджи-Хамбурьян Р.А., Тикиджи-Хамбурьян А.В., Шевцова Н.А., Васильков В.А., Белова Е.И., Ищенко И.А. Синхронизация активности нейронов различных типов в колонках зрительной коры мозга. Изв. ВУЗов «ПНД». 2011. Т.19. №6. С.83-95.

21. Хьюбел Д. Глаз, мозг, зрение. М.: Мир. 1990. 239 с.

22. Чебкасов С.А., Подладчикова Л.Н., Бондарь Г.Г. Элементарные ансамбли зрительной коры как локальные центры конвергенции различных информационных потоков // Материалы международн. конф. "Проблемы нейрокибернетики". - Ростов-на-Дону: РГУ, 1980, С. 48.

23. Шик М.Л., Ягодницын А.С. Исследование связей нейронов в дорсокаудальной части покрышки среднего мозга с помощью метода микростимуляции. Нейрофизиология, 1973, 5, 6, С. 593-601.

24. Эдельмен Дж., Маункасл В. Разумный мозг. М.: Мир. 1981. 134 с.

25. Abeles N., Goldstein N.,. Functional architecture in cat primary auditory cortex: columnar organization and organization according to depth. J Neurophysiol., 1970, 33, P. 172-187.

26. Amari S.-I. F. Beltrame, J.G. Bjaalie, T. Dalkara, E. De Schutter, G.F. Egan*, N.H. Goddard, C. Gonzalez, S. Grillner, A. Herz, K.-P. Hoffmann, I. Jaaskelainen, S.H. Koslow, S.-Y. Lee, L. Matthiessen, P.L. Miller, F.M. da Silva, M. Novak, V. Ravindranath, R. Ritz, U. Ruotsalainen, V. Sebestra, S. Subramaniam, A.W. Toga, S. Usui, J. van Pelt, P. Verschure, D. Willshaw, A. Wrobel, T. Yiyuanet al. Neuroinformatics: the integration of shared databases

and tools towards integrative neuroscience. // J. Integrative Neuroscience. 2002. V.1. No 2. P.117-128.

27. Amitai Y., Gibson J.R., Beierlein M., Patrick S.L., Ho A.M., Connors B.W., and Golomb D. The spatial dimensions of electrically coupled networks of interneurons in the neocortex // J. Neuroscience. 2002. Vol.22. №10. P.4142-4152.

28. Anastassiou C.A., Perin R., Markram H., and Koch C. Ephaptic coupling of cortical neurons // Nature Neuroscience. 2011. Vol.14. №2. P.217-224.

29. Anderson J., Lampl I., Reichova I., Carandini M. Ferster D. Stimulus dependence of two-state fluctuations of membrane potential in cat visual cortex // Nature Neuroscience. 2000. V.3. P. 617-621.

30. Aronoff R. and Carl C.H., Petersen C.C.H. Layer, column and cell-type specific genetic manipulation in mouse barrel cortex. // Frontiers in Neuroscience. 2008. Vol.2. №1. P.64-71. (www.frontiersin.org)

31. Asanuma H. Recent developments in the study of the columnar arrangement of neurons within the motor cortex // Physiol. Rev. - 1975, V. 55, N 2, P. 143-156.

32. Asanuma H., Rosen J. Spread of mono-polysynaptic connections within cats motor cortex. Exp.Brain Res., 1973, 16, P.507-520.

33. Asanuma H., Stoney S.D., Absug S. Relation between afferent input and motor outflou in cat motorsensory cortex // J. Neurophysiol. - 1968, V. 31, P. 670-681.

34. Bagshaw E.V., M.N.Evans. Measurement of current spread from microelectrodes when stimulating within the nervous system. Exp.Brain Rs., 1976, 25, P. 391-400.

35. Bartfeld E. and Grinvald A. Relationships between orientation-preference pinwheels, cytochrome oxidase blobs, and ocular-dominance columns in primate striate cortex // Proc. Nati. Acad. Sci. USA. Neurobiology. 1992. Vol.89. P.11905-11909.

36. Baumgartner G., Hakas P. Neurophysiologie des simultanen helligkeits contrastes. Reciproke reakzionen antagonistischen neuronengruppen des visuellen system. Pflug. Archiv, 1962, 274. P. 489-510.

37. Bertalanffy L. von. General system theory. In: General systems. Yearbook of the Society for General Systems Research. V. 1. 1956.

38. Bjaalie J.G. and Grillner S. Global Neuroinformatics: The international neuroinfomatics coordinating facility // J. Neuroscience. 2007. Vol.27. №14. P.3613-3615.

39. The Blue Brain Project. (http://bluebrain.epfl.ch/)

40. Bonin G. von, Mehler W.R. On columnar arrangement of nerve cells in cerebral cortex. Brain Research, 1971, 27, P. 1-9.

41. Boucsein C., Nawrot M., Schnepel P., Aertsen A. Beyond the cortical column: abundance and physiology of horizontal connections imply a strong role for inputs from the surround. // Frontiers in Neuroscie. 2011. Vol.5. Articl.32. (www.frontiersin.org)

42. Briggs F., Usrey M. Patterned activity within the local cortical architecture // Frontiers in Neuroscience. 2010. Articl.18. (www.frontiersin.org)

43. Canolty R., Knight R. The functional role of cross-frequency coupling // Trends in Cogni. Scie. 2010. Vol.14. №11. P.506-516.

44. Chen J.L, Flanders G.H., Lee W.-C. A., Lin W.C. and Nedivi E. Inhibitory dendrite dynamics as a general feature of the adult cortical microciuit // Neuroscience. 2011. Vol.31. №35. P.12437-12443.

45. Chen X., Sun C., Huang L., and Shou T. Selective loss of orientation column maps in visual cortex during brief elevation of intraocular pressure // Investigative Ophthalmology & Visual Science. 2003. Vol.44. №.1. P.435-441.

46. Chiu C. and Weliky M. Spontaneous activity in developing ferret visual cortex in vivo // J. Neuroscience. 2001. Vol.21. №22. P.8906-8914.

47. Compte, A., M. V. Sanchez-Vives, D. A. McCormick, X-J. Wang. Cellular and Network Mechanisms of Slow Oscillatory Activity (<1 Hz) and Wave Propagations in a Cortical Network Model; - J. Neurophysiol. 2003, 89: P.2707-2725.

48. Cragg B.G., Temperley H.N. The organization of neurons: a co-operative analogy. EEG Clin. Neurophysiol., 1954, 6, P.85-92.

49. Crair M.C., Ruthazer E.S. Relationship between the ocular dominance and orientation maps in visual cortex of monocularly deprived cats // Neuron. 1997. Vol.19. P.307-318.

50. Creutzfeldt O.D. Afferent and intrinsic organization of the visual cortex columnar organization of continuous network in processing of information in the visual system // Ed. by Glezer V.D. - Leningrad, 1976, P. 223-224.

51. Creutzfeldt O., Innocenti Y, Brook D. "Vertical organization in the visual cortex (area 17) in the cat", Exp. Brain. Res.- 1974, V. 21, N 3, P. 315-336.

52. Creutzfeldt O.D., Ito M. Functional synaptic organization of primary visual cortex neurons in the cat; - Exptl. Brain Re., 1968, 6, P.324-352.

53. Dragoi, V., J. Sharma, E.K. Miller and M. Sur. Dynamics of neuronal sensitivity in visual cortex and local feature discrimination // Nature Neuroscience. 2002. Vol.5. P.883-891. (http://www.nature.com/neuro/journal/v5/n9/index.html)

54. Duane D., Baumgartner G., Adorjani C. Responses of cortical neurons to stimulation of the visual afferent radiation. Exp. Brain Research, 1968, 6, 265-272.

55. Eckhorn R., Bauer R., Jordon W., Brosch M., Kruse W., Munk M., Reitboeck H.J. Coherent oscillations: a mechanisms of feature linking the visual cortex // Biol. Cyb. 1988. V.60. P.121-130.

56. Edelmen J.M. Neural Darvinism. - Basic book, Part two - The Extended Theory -.N-E, 1988. P. 37-108

57. Freeman M. Cortical columns: a multi-parameter examination // Cerebral cortex. 2003. №13. P.70-72.

58. Galarreta M. and Hestrin S. Electrical and chemical synapses among parvalbumin fast-spiking GABAergic interneurons in adult mouse neocortex. PNAS, September 17, 2002 , vol. 99, no. 19, P.12438–12443. www.pnas.org_cgi_doi_10.1073_pnas.192159599

59. George D, Hawkins J. Towards a mathematical theory of cortical micro-circuits // PLoS Comput Biol. 2009. Vol.5. №10. P.e1000532. (doi:10.1371/journal.pcbi.1000532)

60. Gilbert C.D. and T.M.N.Wiesel. Receptive field properties, neuronal morphology and intracortical connectivity in cat visual cortex. Neurosci.Lett., 1979, Suppl, 13,3, P.356.

61. Goodhill G.J., Carreira-Perpinan M.A. Cortical Columns // Encyclopedia of Cognitive Science. Macmillan Publishers Ltd. 2002. (Vol.201, №1144. P.219-248. http://cns.georgetown.edu/~miguel/papers/ecs02.html´)

62. Gordleeva S.Yu., S.V .Stasenko, A. V. Semyanov, A. E. Dityatev and V.B. Kazantsev. Bi-directional astrocytic regulation of neuronal activity within a network. Frontiers in Computational Neuroscience. November 2012. Volume 6. Article 92. P. 1 -11. www.frontiersin.org

63. Gray C.M. The temporal correlation hypothesis review of visual feature integration: still alive and well // Neuron. 1999. Vol.24. P.31-47.

64. Gray Sh.M., Singer W. Stimulus-specific neuronal oscillations in orientation columns of visual cortex // PNAS. 1989. Vol.86. №.5. P.1698-1702.

65. Grenier F, Timofeev I, and Steriade M. Neocortical very fast oscillations (ripples, 80- 200 Hz) during seizures: intracellular correlates. J Neurophysiol, 2003, 89(2), P.841-852.

66. Gupta A., Wang Y., Markram H. Organizing principles for a diversity of gabaergic interneurons and synapses in the neocortex // Science. 2000. Vol.287. P.273-278. (www.sciencemag.org)

67. Gustafsson B., E. Jankowska. Direct and inderect activation of nerve cells by electrical pulses applied extracellularly. J. Physiol.,1976, 258, 1, P. 33-61.

68. Hanganu-Opatz I. L Between molecules and experience: Role of early patterns of coordinated activity for the development of cortical maps and sensory abilities. Brain Res. Review, 64 (2010). P. 160-176.

69. Heitmann St., P. Gong, M. Breakspear. A computational role for bistability and traveling waves in motor cortex. Frontiers in Computational Neuroscience. September 2012. Vol.6|. Article 67, P. 1-15. www.frontiersin.org

70. Helmstaedter M., de Kock C.P.J, Feldmeyer D., Bruno R.M., Sakmann B. Reconstruction of an average cortical column in silico // Brain Res. Rew. 2007. Vol.55. P.193-203. http://www.ncbi.nlm.nih.gov/pubmed/17822776

71. Hensch T.K. Critical period plasticity in local cortical circuits // Nature Reviews Neuroscience. 2005. Vol.6. P.877-888. (www.nature.com/reviews/neuro)

72. Herz A., Ziegelgansberger W., Farber G. Microelectrophoretic studies concerning the spread of glutamate acid a. GABA in brain tissue. Exp.Brain Res.,1969, 9, P.221-235.

73. Hirsch J.A., Martinez L.M. Laminar processing in the visual cortical column // Current Opinion in Neurobiology. 2006. №16. P.377-384.

74. Hoffmann K.P., J. Stone. Conduction velocity of afferents to cat visual cortex. Brain Res., 1971,32,2, P.460-466.

75. Hopfield JJ and Brody CD. What is moment? "Cortical" sensory integration over a brief interval; - PNAS 2000, 97(25), P.13919-13924.

76. Hopfield JJ and Brody CD. What is moment? Transient synchrony as a collective mechanism for spatiotemporal integration; - PNAS, 2001, 98(3), P.1282-1287.

77. Horton J.C., Adams D.L. The cortical column: a structure without a function // Phil.Trans. Roy. Soc. B. 2005. №360. P.837-862.

78. http://ru.cybernetics.wikia.com/wiki/Обратая_связь_(кибернетика)

79. Hubel, D.H., Wiesel, T.N. Shape and arrangement of columns in cat`s visual cortex. // J. Physiology. 1963. Vol.165. P.559-568.

80. Kalisman N., Silberberg G., Markram H. The neocortical microcircuit as a tabula rasa // PNAS. 2005. Vol.10. №3. P.880-885.

81. Katzel D., Zemelman B.V., Buetfering C., Wolfel M., Miesenbock G. The columnar and laminar organization of inhibitory connections to neocortical excitatory cells // Nature Neuroscience. 2010. Advance online publication. doi:10.1038/nn.2687

82. Legendy C.R. Cortical columns and the tendency of neighboring neurons to act similarly/ - Brain Res. - 1978. - V. 158. - N 1. - P. 89-105.

83. Linden J.F., Schreiner C.E. Columnar transformations in auditory cortex? A comparison to visual and somatosensory cortices. Cerebral Cortex. 2003. Vol.19. № 1. P.83-89.

84. Long M A., S. J. Cruikshank, M. J. Jutras, and B.W. Connors. Abrupt Maturation of a Spike-Synchronizing Mechanism in Neocortex J. Neuroscience, 2005 • 25(32):P.7309 –7316.

85. Lorente de No R. The cerebral cortex: architecture, intracortical connections, motor projections. Physiology of the nervous system. Oxford University Press. 1938. P. 274-301.

86. Lubke J., Egger V., Sakmann B., Feldmeyer D. Columnar organization of dendrites and axons of single and synaptically coupled excitatory spiny neurons in layer 4 of the rat barrel cortex // J. Neuroscience. 2000. Vol.20. №14. P.5300-5311.

87. Luczak A., J. N.MacLean. Default activity patterns at the neocortical microcircuit level. Frontiers in Integrative Neuroscience. June 2012. Volume 6. Article 30, P. 1-6. www.frontiersin.org

88. Maçarico da Costa N. and Kevan A. C., Martin K.A.C. Whose cortical column would that be? // Frontiers in Neuroanatomy. 2010. Vol. 4. Articl.16. P.1-10. (www.frontiersin.org)

89. Maldonado P., Babul C., Singer W., Rodriguez E., Berger D., Gru S. Synchronization of neuronal responses in primary visual cortex of monkeys viewing natural images // J. Neurophysiol. 2008. Vol.100. P.1523-1532.

90. Maldonado P.E., Godecke I., Gray C.M., Bonhoeffer T. Orientation selectivity in pinwheel centers in cat striate cortex // Science. 1997. Vol.276. P.1551-1555. (www.sciencemag.org)

91. Markin S.N., Podladchikova L.N., and Dunin-Barkowski W.L. Method to detect impulses of various duration generated by Purkinje cells of cerebellar cortex. // Pattern Recognition and Image Analysis, 2005, V. 15, No 4, P.672-675.

92. Markram H. Fixing the location and dimensions of functional neocortical columns // HFSP Journal. 2008. Vol.2, №3. P.132-135 (http://hfspj.aip.org)

93. Marschall W.H., Talbot B.A. Recent evidence for neural mechanisms in vision leading to a general theory of sensory acuity. Biol Symposia, 50, 1942, P.117-164.

94. Martinez L. Alonso J.-M. Complex receptive fields in primary visual cortex // Neuroscientist. 2003 October; 9(5): P.317–331.. http://www.ncbi.nlm.nih.gov/pmc/articles/PMC2556291/

95. Mountcastle V.B. The columnar organization of the neocortex // Brain. 1997. №120. P.701-722.

96. Nadasdy Z. Binding by asynchrony: the neuronal phase code. Frontier in Neuroscience, 2010, 5, article 51, p. 1-11.

97. Nauhaus I., Benucci A., Carandini M., and Ringach D.L. Neuronal selectivity and local map structure in visual cortex // Neuron. 2008. Vol.57. №5. P.673-679.

98. Nowak L.G., Sanchez-Vives M.V., and McCormick D.A. Role of synaptic and intrinsic membrane properties in short-term receptive field dynamics in cat area 17 // J. Neuroscience. 2005. Vol.25. №7. P.1866-1880. http://www.ncbi.nlm.nih.gov/pubmed/15716423.

99. Orban G.A. Neuronal Operations in the Visual Cortex. Studies of Brain Function. Berlin-Heidelberg, N-Y, Tokyo. 1984. 367p.

100. Perin R., Berger T.K., Markram H. A synaptic organizing principle for cortical neuronal groups // PNAS. 2011. Vol.108. №13. P.5419-5424. (www.pnas.org/cgi/doi/10.1073/pnas.1016051108)

101. Pandarinath C., I. Bomash, J.D. Victor, G.T. Prusky, W. W. Tschetter, S. Nirenberg. A novel mechanism for switching a neural system from one state to another. Frontiers in Computational Neuroscience. March 2010. Volume 4. Article 2. P.1-18. www.frontiersin.org

102. Pannasch U., N. Rouach. Emerging role for astroglial networks in information processing: from synapse to behavior. Trends in Neurosciences July 2013, Vol. 36, No. 7, P. 406-417.

103. Pfrieger Frank W. Role of glial cells in the formation and maintenance of synapses. Brain Res. Reviews. 63 (2010). P. 39–46.

104. Podladchikova L.N., Organization and dynamics of interactions in local neural networks of the visual cortex. Proc. IEEE/RNNS Symp. on Neuroinformatics and Neurocomputers, Rostov-on-Don, 1992, P.483-491.

105. Podladchikova L.N., I.A. Rybak, N.A. Shevtsova, A.V. Golovan (1991) Filtration of the oriented image elements and feature discrimination in the visual cortex. In Neurocomputers and Attention. Vol.1, Neurobiology, Synchronization and Chaos.Eds. A.V.Holden and V.I.Krukov, Manchester University Press, P. 81-96.

106. Rakic P. Confusing cortical columns // PNAS. 2008. Vol.105. №34. P.12099-12100. (www.pnas.org cgi doi 10.1073 pnas.0808507105)

107. Roland K. Per. Five points on columns // Frontiers in Neuroanat. 2010. Vol.4. Articl.22. (www.frontiersin.org)

108. Rinkus A., Gerard J. A cortical sparse distributed coding model linking mini- and macrocolumn-scale functionality. Frontiers in Neuroanatomy. June 2010. Volume 4. Article 17. P. 1-13. www.frontiersin.org

109. Roopun A. K, Mark A. Kramer, Lucy M. Carracedo, Marcus Kaiser, Ceri H. Davies, Roger D. Traub, Nancy J. Kopell and Miles A. Whittington. Temporal interactions between cortical rhythms. Frontiers in Neuroscience December 2008 | Volume 2 | Issue 2 | P. 145-154. www.frontiersin.org

110. Rybak I.A., Podladchikova L.N., Shevtsova N.A., Golovan A.V. A visual cortex domain model and its use for visual information processing // Neural Networks. 1991. Vol.4. P.3-13.

111. Samonds M., Allison J.D., Brown H.A., and Bonds A.B. Cooperative synchronized assemblies enhance orientation discrimination // PNAS. 2004. Vol.101. №17. P.6722-6727. (http://www.pnas.org/content/101/17/6722.long)

112. Scholl D.A. The organization of the cerebral cortex. L., N-Y, 1956, 125 p.

113. Shevtsova N.A., Rybak I.A., Podladchikova L.N., and Golovan A.V. Temporal and spatial filtration of oriented image elements in the visual cortex // Neural Network World. 1992. №2. P.175-190.

114. Sillito A.M. The use of iontophoretocally applied biculline to investigate inhibitory mechanisms in the visual cortex. Exp. Brain Res., 1976, Suppl.1, P.389-393.

115. Staiger J.F., Flagmeyer I., Schubert D., Zilles K., Ktter R., Luhmann H.J. Functional diversity of layer IV spiny neurons in rat somatosensory cortex: quantitative morphology of electrophysiologically characterized and biocytin labeled cells // Cerebral Cortex. 2004. №14. P.690-701.

116. Steriade M., McCormick D.A., Sejnowski T.J. Thalamocortical oscillation in the sleeping and aroused brain; - Science 1993. 262, P..679-685.

117. Stoney S.D., Jr.W.D.Thompson, H.Asanuma. Excitation of pyramidal tract cells by intracortical microstimulation: Effective extent of stimulating current. J.Neurophysiol., 1968,31, P.659-669.

118. Szentagothai J. The neuron network of the cerebral cortex: A functional interpretation // Proc. R. Soc. Lond. Series B. 1978, Vol.201. № 1144. P. 219-248.

119. Thomson A.M., Armstrong W.E. Biocytin-labelling and its impact on late 20th century studies of cortical circuitry // Brain Res. Rew. 2011. Vol.66. P.43-53.

120. Towe A. Notes of the hypothesis of columnar organization in somatosensory cerebral cortex // Brain. Behav. Evol., - 1975, V. 11, P. 16-47.

121. Van Hooser S.D., Heimel A.F., Chung S., Nelson S.B., Toth L.J. Orientation selectivity without orientation maps in visual cortex of a highly visual mammal. // J. Neuroscience. 2005. Vol.25. №1. P.19-28.

122. Wagatsuma N., Potjans T., Diesmann M., Fukai T. Layer-dependent attentional processing by top-down signals in a visual cortical microcircuit model // Frontiers in Comp. Neuroscie. 2011. Vol.5. Articl.31. (www.frontiersin.org)

123. Wake Hiroaki, Andrew J. Moorhouse, Akiko Miyamoto, and Junichi Nabekura. Microglia: actively surveying and shaping neuronal circuit structure and function. Trends in Neurosciences April 2013, Vol. 36, No. 4, p. 209-217.

124. Weiss Shennan A and Donald S. Faber. Field effects in the CNS play functional roles. Frontiers in Neural Circuits. May 2010.| Volume 4.| Article 15.| P. 1-10. www.frontiersin.org

125. Welker C, Microelectrode delineation of fine grain somatotopic organization of (SmI) cerebral neocortex in albino rat. Brain research, 1971, 26, P. 259-275.

126. Worgotter F., Eysel U.T. Context, state and the receptive fields of striatal cortex cells // Trends in Neuroscience. 2000. Vol.23. №10. P.497-503.

127. Xiao L., D. Zhang, Yu.-qing Li, P.-ji Liang, Si Wu. Adaptive neural information processing with dynamical electrical synapses. Frontiers in Computational Neuroscience. April 2013. Volume 7. Article 36. P. 1-9. www.frontiersin.org

128. Yamada T., Yu. Yang, A. Bonni. Spatial organization of ubiquitin ligase pathways orchestrates neuronal connectivity. Trends in Neurosciences April 2013, Vol. 36, No. 4. P. 218-226.

129. Yoshimura Y., Sato H., Imamura K., and Watanabe Y. Properties of horizontal and vertical inputs to pyramidal cells in the superficial layers of the cat visual cortex // J. Neuroscience. 2000. Vol. 20. № 5. P.1931–1940. http://www.jneurosci.org/content/20/5/1931.full.pdf

# i want morebooks!

Покупайте Ваши книги быстро и без посредников он-лайн – в одном из самых быстрорастущих книжных он-лайн магазинов! окружающей среде благодаря технологии Печати-на-Заказ.

## Покупайте Ваши книги на
# www.more-books.ru

Buy your books fast and straightforward online - at one of world's fastest growing online book stores! Environmentally sound due to Print-on-Demand technologies.

## Buy your books online at
# www.get-morebooks.com

VDM Verlagsservicegesellschaft mbH
Heinrich-Böcking-Str. 6-8          Telefon: +49 681 3720 174          info@vdm-vsg.de
D - 66121 Saarbrücken              Telefax: +49 681 3720 1749         www.vdm-vsg.de